媒体与交互艺术

Media and Interactive Art

柴秋霞 著

上海大学出版社
·上海·

图书在版编目(CIP)数据

媒体与交互艺术 / 柴秋霞著. —上海: 上海大学出版社,2021.7（2021.11重印）

ISBN 978-7-5671-4290-9

Ⅰ.①媒… Ⅱ.①柴… Ⅲ.①多媒体技术 Ⅳ.①TP37

中国版本图书馆CIP数据核字（2021）第139622号

责任编辑 柯国富
助理编辑 祝艺菲
美术编辑 俞砚秋 谷 夫
技术编辑 金 鑫 钱宇坤

MEITI YU JIAOHU YISHU
媒体与交互艺术
柴秋霞 著
上海大学出版社出版发行
（上海市上大路99号 邮政编码200444）
（http://www.shupress.cn 发行热线021-66135112）
出版人 戴骏豪
*
南京展望文化发展有限公司排版
上海新艺印刷有限公司印刷 各地新华书店经销
开本890 mm × 1240 mm 1/32 印张8.5 字数176千
2021年8月第1版 2021年11月第2次印刷
ISBN 978-7-5671-4290-9/TP · 76 定价 68.00元

前　言

FOREWORD

交互艺术是开放的、跨学科的、多媒介的、过程性的、短暂的、概念内容相关的一种艺术形式，并与接受者的反馈有着日益紧密的联系。在不断发展的艺术类型中，交互艺术开始进一步摒弃传统场景，转而推崇一种艺术的过程性模式。今天，艺术和交互的表现形式在封闭循环式的作品、各种会展上的交互艺术装置，以及公共空间的开放过程中同时存在。很多艺术作品都将建筑、装置、雕塑、绘画、影像、游戏、光影、舞蹈、声音甚至诸如全景画这样的历史图像媒体融入交互艺术中。“交互”是数字媒体艺术区别以往所有艺术形式的一个重要特征。在这类虚拟艺术作品中，观众不再是被动的观看者，而是主动的参与者和体验者，能够利用各种感官控制和参与作品。数字技术建构的虚拟现实空间在某种程度上比现实世界还要真实生动，真实存在和虚拟实境的相交，激发出缤纷奇妙的想象，丰富了每一个参与者的感知和体验。

本书第一章叙述了艺术史上对于互动的观点。“交互”这一术语的意义经历了不断的转变。在这一系列的开放式艺术探索活动中，艺术作品由封闭转变为开放、由静态性的客体转变为动态性的过程、由沉思性的接受转变为主动性的参与活动，摈弃了创作者为作者的概念，而迈入了分散性和集体创作的活动。交互、参与和交流的概念与观点占据了20世纪艺术的核心，并在一定程度上影响着作品、观众和艺术家。

第二章从作为艺术语言的媒介、艺术的技术智力维度和数字媒介、艺术体验三个方面分析了艺术、媒介、体验之间的关系，阐述了科学使艺术具备各种可能性，其中令人感兴趣的焦点已不再是世界是什么样，而是世界可能成为什么样，以及我们如何能够基于既有的数字技术资源去创造另外一个世界。本章主要关注含有特定交互形式和交互性概念的作品，这些项目都和人与人、人与物、物与物的交互有关，这些交互则以各种媒体或计算机为媒介，旨在连接广泛散布于各个角落的参与者，并组织他们进行合作。

第三章论述了交互艺术介入公共空间，将客观世界中的事物形象用特定的艺术形式加以表现，并为大众认同和接纳，使两者之间建立一种认识与交流的默契。交互艺术介入公共空间更有利于艺术作品表达广大观众的社会共识、道德常识、审美情感及公众社会所关注的普遍性、根本性的问题，便于艺术家与公众对话、互动。这种默契在很大程度上已将人与自然、人与生活、人与社会融为一体，构成美好的共鸣乐章。

第四章论述了代码将技术转化为艺术语言和表现形式的创作过程。代码为艺术设计者提供了作品预期效果的表现形式，为其创作构思提供了逻辑过程，将艺术家的抽象的灵感和想法充分表达了出来，为艺术家搭建了一座连接构思与创作的桥梁。代码艺术特有的可操作性和可调控性，也随着计算机技术的不断发展而有所提高，让艺术往更优秀的方向创新和发展，这是艺术领域的一次全新变革。计算机技术为我们的生活带来了不计其数的变化，如今，我们不妨以代码为笔描绘出一个具有无限可能的艺术创作新境界。

第五章论述了生物艺术在交互艺术媒体中的应用实例和设计思路，介绍了生物艺术在艺术创作、艺术表现、艺术交互中的重要作用。生物艺术本身就具有跨学科的特性，对生物科学知识、生物伦理学知识、生物工程学知识的广泛涉及于生物艺术的创作起着极其重要的支撑作用。在未来，生物艺术进一步与智能技术相结合更将打开人类创造新形态艺术的大门，其中既包含计算机科学、人工智能算法、生物工程技术，还要求艺术家对人类身体、动物生命、生物进化的伦理展开深入探讨，在艺术创新的同时找到人与地球其他生物和谐共存的路径。

第六章的展开和讨论表达了数码时代的艺术本体不再是孤立的存在，而是见诸文本与文本、媒体与媒体、网络与网络的相互联系之中。网络与通信艺术可以使人们跨越地理空间的障碍，进行远距离的交流，达到“海内存知己，天涯若比邻”的沟通与交流效果。越来越多有见识和探索精神的中国艺术家在积极参与探索这一新型艺术形式的丰富可能性，以他们自己的方式进行网络与远程通信艺术的本土化实践，构建新媒体艺术的独特景观。

第七章描绘了数字游戏艺术精心设计营造的美妙的虚拟幻想世界，不仅在形式上给人美的享受，同时还以互动体验的方式愉悦人们的身心，启迪人们的智慧，在拓展人们的能力和潜能方面得到了较大的发展。数字游戏艺术有虚构的力量和拟人化的力量，是一种能动的活动，本身体现出一种对幻想世界的执着，使人们沉浸其中，摆脱现实生活的束缚和限制，陶醉在一种暂时的、有局限的完美中。数字游戏所营造的情境是其他艺术所不能比拟的，正是数字游戏交互性、沉浸性、开放性的叙事结构才使得玩家对数字游戏的情境体验情有独钟。随着虚拟现实、增强现实等技术的发展，数字游戏将会变成一种纯粹的以美学体验为主的艺术表达方式。

第八章论述了艺术家通过运用媒介影响创作方式和创作作品，创作出的数字装置艺术突破传统艺术表达方式。数字装置艺术虽然被称为艺术，蕴含着一定的审美元素，却丝毫不能脱离技术的手段，其中的各种新媒体技术（计算机图形、计算机动画、影像、交互、虚拟现实等技术）为异想天开的各种新艺术形态提供了有力的技术支持。从美学的角度来看，数字交互装置艺术所蕴含的审美方式与形态样式紧密相关，主要表现为认知审美、多维审美、机械审美、信息共享审美、技术审美、沉浸式审美、肢体语言与声音审美以及生命审美。这种丰富的审美方式为数字装置艺术带来了更为动人、动情的艺术体验。

第九章则论述了作为传统艺术的传达方式，灯光、声音、舞蹈三者在数字媒体时代各自不同的特色和发展，三者在发挥各自优势、特点的同时也可以相互融合，为数字媒体艺术的创作提供更加丰富的表现形式；在数字媒体艺术的重新建构下，三者之间的传达方式不再孤立，多感官信息的获取使人们在体验上得到了更大的满足，也为视听传达的方式提供了更多可能，声、光、舞与人之间的关系也将更为密切和丰富。

我们处在一个沟通的时代、一个互动的时代、一个心灵对话的时代。“互动”成为最时尚的字眼，“对话”成为最流行的沟通方式。尼葛洛庞帝（Nicholas Negroponte）在其著作《数字化生存》中提出人与数字并生的“数字化生存”的概念。这种“数字化生存”带来的是人们生存理念的转变，艺术的表现形式也随着数字化理念发生着转变，彻底改变了艺术家独自倾诉的方式，艺术家和欣赏者开始以互动的方式交流，互动性成为数字时代艺术发展的一个重要方向。创作者只是策动者却不是全局的控制者。艺术作品与观众之间的持续互动，欣赏者的反应被纳入作品内部，模糊了传统的艺术创作与艺术欣赏之间的界限，也解构了创作者与欣赏者之间的身份概念。艺术不再只是向观众进行单向的输出，而是将主动权交给观众，不同的人产生不同的互动效果，传统的艺术认知与审美方式由此解构，建构出全新的审美体验。

目　录

CONTENTS

对话的艺术

对话是最为直接、简单、原始的交互形式。人们通过对话了解彼此的基本信息，一个人可以通过简单的对话沟通了解另一个人的姓名、年龄、从哪里来等信息；对话为人们带来了口口相传的神话故事，北欧神话、大禹治水等神话为早期人类带来了精神上的慰藉；对话传达了人类先哲的思想和观念，无论是孔子还是柏拉图，对话为先哲们传递思维模式、思考问题和答案的重要途径。因此，对话的艺术是交互艺术最早的形态，是人类主动接收信息的一种活动，带来的审美体验也随着时代和技术的变迁逐渐发生了改变。

一　交互艺术的启蒙

艺术总是符合时代发展的方向，艺术的取向和其能达到的效果依赖于它所处的时代。艺术家是其所处时代的产物，非凡的艺术家是用双手和思想牢牢抓住时代智慧的人。在距今约两万五千年的旧石器晚期，原始人类运用天然的矿物质颜料创作原始洞穴壁画，向同伴诉说他们所看到的动物、景物或人物，进行情感的表达和信息的传递，如法国拉斯科（Lascaux）出土的动物群壁画《渡河的鹿群》，西班牙阿尔塔米拉（Altamira）山洞的壁画《受伤的野牛》等，这些都与原始人类的生产劳作与自身的种性繁衍密切相关。人们在狩猎谋求生存和生殖繁衍的过程中创造了对话的艺术。

20世纪初，一些艺术先驱开始思考在作品展示过程中改变作品和受众之间的单一信息关系来适应艺术的发展方向。1920年，马塞尔·杜尚（Marcel Duchamp）的作品《旋转的饰板》（*Rotary Glass Plates*）要求观众必须站在特定的位置，才能看到特定的图像，被认为是一件需要观众参与的互动作品，尽管当时这个作品在观众和作品之间并没有实现严格意义上的实时互动。杜尚认为每一项美学体验都为观众指定了一个基本角色，让他们在参观过程中，“增加对创意行动的贡献”。一个创作活动不是全都由艺术家单独来完成的，因为观众会建立一种对于作品和外部世界在辨认上与鉴定解释上的联系。他甚至还断言道：“一件作品完全就是由那些参观它、阅读它的人创作的，他们通过自己给予的赞誉甚至谴责让作品存在并延续。”

20世纪50年代，偶发艺术和激浪艺术运动中活跃的艺术家们迈出了通往主动参与及交互的第一步。约翰·凯奇（John Cage）的《想象的风景4号》（*Imaginary Landscape No.4*，1951）、《4分33秒》（1952）被认为是“开放式作品”的绝佳例证。《想象的风景4号》虽然还是没有主动将听众纳入艺术过程中，但强调了表演者角色的非限制性。作品《4分33秒》由长达4分33秒的静默构成，它的最终效果完全取决于公共演出环境，如观众和表演者发出的噪声、周围环境声等。《4分33秒》的静默凸显了观众接受的交互和智慧的潜在创造力。凯奇变革了音乐结构的物质形态和逻辑手段，对声响配置进行探索，拓宽了音响范畴，将生活中的一切声音纳入其中。凯奇借助日常生活中大量信息媒介，这种平凡的实用性和被我们忽略的音响表现，为唤起人们对艺术的思考、打破僵化的美学观念提供了具有批判性与创造性的价值取向。50年代末期起，由艾伦·卡普罗（Allan Kaprow）建立的偶发艺术形式在主动参与和交互领域又向前迈出了一步，将观众变成了艺术过程的参与者、执行者和表演者。

20世纪60年代开始，人们不再满足于传统艺术作品精神交流的表现形式，希望作品离开展厅、画廊，寻找一种艺术作品与观赏者之间更为活跃的联系，观众参与到作品中的意识逐渐苏醒。美国当代古典音乐作曲家拉蒙特·扬（La Monte Young）的音乐表演观念艺术作品《画条直线，并画下去》（*Draw a Straight Line and Follow It*）就可以称得上是一件调动参与者与作品发生互动行为的作品。观众、作品和艺术家之间发生的交互成为独立于固有流派、类型和体制之外的美学的主要元素，通常被称为“交互媒体”。白南准开创了观众与电子电视图片互动的先河，利用包括麦克风和磁铁等在内的工具，在“音乐博览会”上首演的《参与电视》（*Participation TV*, 1963—1966）以及后来的《磁铁电视》（*Magnet TV*, 1965）都允许观众在电视屏幕上创作不同的震颤模式。这一阶段的创作当属对诸如电视和收音机之类的广播媒体进行的交互“再使用”。许多作品中隐含着大众传媒的单通道结构被改变的情况。

到20世纪70年代，交互性的其他概念纷纷涌现，瓦莉·艾丝波特（Valie Export）的名作《轻叩和触摸电影》（*Tap and Touch Cinema*, 1968）使得交互性成为一种"可以掌控"的直观性感知体验。艾丝波特的艺术项目旨在通过新兴的通信媒体，如卫星项目，建立起一种明确的对话交流环境。虽然她的作品还仅仅局限于艺术家的小群体中，没有包含大规模的观众参与，但是已经显露出基本的交互艺术概念和模式，一改往日观众欣赏作品的形式，更强调观众的参与和创造。一直到90年代，当更多的人能够接触到互联网时，这一情形才有所改变。从20世纪80年代起，基于计算机的数字多媒体技术得到了快速发展和广泛应用，并整合了"用户和媒体装置的交互作用"，但是这一交互作用纯粹局限于媒体和技术领域。意识形态范式从60年代的社会美学思想转变为了90年代的技术交互性观念。这一时期涌现了多个媒体辅助的交互形式，转而强调身体与静态或动态图像的交互，如杰弗里·肖（Jeffrey Shaw）的《可读之城》（*The Legible City*, 1988）、克丽丝塔·佐梅雷（Christa Sommerer）和劳伦特·米尼奥诺（Laurent Mignonneau）的*A-Volve*（1993—1994）、保罗·瑟蒙（Paul Sermon）的《远程梦想》（*Telematic Dreaming*, 1992）、阿格尼丝·赫耶迪斯（Agnes Hegedus）的《字里行间》（*Between the Words*, 1995）等。

随着互联网的发展，交互艺术变得更为灵活多样。互联网是一个理想媒介，因为它确实为观众主动参与到作品中打开了方便之门。20世纪90年代，网络的开放结构以及互联网、计算机和其他"小媒体"与日俱增的承受能力使得参与的可能性空前巨大。拉斐尔·洛扎诺-亨默（Rafael Lozano-Hemmer）的作品《失量高程》（*Vectorial Elevation*，2000）以及混沌计算机俱乐部（Chaos Computer Club）的作品《眨眼灯光》（*Blinken Lights*，2001—2002）和《拱廊》（*Arcade*，2002）等，这些作品通过特制的界面将虚拟空间与物理空间连接，拓展了城市空间中公众参与活动的可能性。

艺术家想要改变传统艺术主体与对象之间单向线性的传播方式，形成双向带有交互性质的整合传播艺术表现形式，并且以集体创作、共同参与的方式创作了大量的作品，使更多的观赏者逐步参与到艺术作品中。激浪艺术倡导抛弃传统的艺术观念，确认了交互媒介的重要存在，确认了观众和表演者的娱乐性取代高雅的现代艺术的严肃性和神圣性，确认了日常生活中简单的、习惯性的事情和行为与艺术的内在联系。同一时期出现的行为艺术也推动了交互艺术的发展，此时的艺术家以自己的身体作为基本创作材料，通过艺术家自身身体的体验来达到一种人与物、环境的交流，同时经由这种交流传达出一些精神内涵，讲求一种身体与精神之间的存在关系，营造出参观者与艺术家的精神共鸣。这些新兴的观念与艺术形式与互动艺术都有着千丝万缕的联系。激浪派、偶发艺术、观念艺术和行为艺术都已经存在观众参与的行为，可以看到观众的参与使得作品有了新的诠释和演绎。

在这一系列的开放式艺术探索活动中，艺术作品由封闭转变为开放，由静态转变为动态，摈弃了创作者为作者的观念，迈入了集体创作活动。交互、参与和交流的概念与观点占据了

20世纪艺术的核心领域，并对作品、接受者和艺术家产生重要影响。

二　非线性的叙事形式

对话的第一要务是传递信息，而讲故事就是人类最重要的信息传递方式。因此，叙事就成为交互艺术结构中的直观层面，使系统和规则在用户行为和体验的层面得到落实与实施。叙事既是虚拟体验设计方法中重要的切入点和设计的直观对象，也是设计过程和评价的重要方法。认知科学家罗杰·尚克（Roger Schank）指出："人类生来就理解故事，而不是逻辑。"①相对于宏观的系统和微观的规则，叙事更容易被人所理解，也更具有感性的力量。把人的行为嵌入一定的叙事框架中，是获得具有吸引力的体验设计的一个重要方法。

如果说基于印刷书籍的艺术作品以线性叙事为特征的话，那么，交互艺术则将非线性叙事当成自己的旗帜。它不像古典的艺术作品一样是事先确定的，因为解释的素材与物质的组合不可分割地组合在一起。一件开放的艺术作品的任务并非是对自身的一种解释，而是要带给人们一个非连续性的景象。对于在20世纪50年代晚期赋予"Happening"以新的含义的艾伦·卡普罗而言，艺术是一个不断变化的"进展中的工作"，一个由观众参与而产生的叙事。事件是非线性的，并鼓励消除作品固定的空间和暂时的局限，改变作者的核心地

① 平克.全新思维[M].林娜，译.北京：北京师范大学出版社，2007：79.

位，并利用与作品进行交互的观众的想象力来实现对作品的提升。[①]

当然，万花筒般的叙事形式并非始于数字媒体（默里认为报纸分栏目、影视分镜头，其组合都体现了非线性特征），不过，报纸的空间马赛克、电影的时间马赛克与电视远程控制的参与马赛克，计算机都可提供。不仅如此，这种流动可以自动进行。正如马诺维奇（Lev Manovich）所指出的：数码化、模块性允许许多涉及媒体创造、操作与访问的操作的自动化[②]。

非线性叙事形式的交互艺术无须完全借助今天发达的互联网。早在20世纪90年代互联网兴起之前，艺术家们便已经在对各种复杂的通信结构以及文本体系中的网络化、集体化写作过程进行实验。集体写作项目的历史起源可以回溯至超现实主义及其《精致的死尸》（*Cadavre Exquis*）实验，这些项目对"作者—读者"之间的关系进行了激烈的讨论。他们与解构主义的领军人物雅克·德里达（Jacques Derrida）一样将文本看作一种组织，并承袭了朱莉娅·克里斯蒂娃（Julia Kristeva）的"文本间"理论以及罗兰·巴特（Roland Barthes）的后现代主义"作者死亡"的观念。集体写作将叙事的书写权交给了读者，读者的参与才让叙事得以产生，同时，读者的间断性参与也一定程度上造成了叙事形式的非线性结构。例如，1983年，罗伊·阿

---

① 转引自：格劳.虚拟艺术［M］.陈玲，译.北京：清华大学出版社，2007：150.

② Lev Manovich. The Language of New Media［M］. Cambridge, MA: The MIT Press, 2001: 32.

斯科特在巴黎市立现代艺术博物馆（Musée d'art moderne de la Ville）的"Electra 1983"展览上组织了一次集体写作项目"文本之皱褶：行星的童话故事"（La Plissure du Texte: a Planetary Fairy Tale）。在该项目中，位于大洋洲、北美和欧洲等的11个城市的艺术家们以各不相同的叙事形式共同编写了一篇童话。这种叙事必然是以非线性的形式出现，每个艺术家都有着自己的经历、体验和艺术表达，使得观众可以从任意一段开始看。向前或者向后追溯叙事的结构是没有意义的，重要的是体验、赏析不同艺术家的不同叙事风格和这篇童话多样化的内容，这种非线性的叙事形式带来的乐趣和美吸引着许多观众去探索艺术作品的魅力。

随着互联网技术的普及，非线性的叙事形式更加吸引人们，观众得益于互联网的便捷，可以不用去到现场就参与非线性的叙事形式。在互联网和新兴数字技术的大力推动和艺术家们的持续努力下，另一种艺术创作的创举如火如荼地展开了。互联网络的开放意味着，从理论上来说，每一个用户可以单独地，甚至在旅行途中自己成为一个广播，发布信息，讲述故事，分享情感。交互电视创始人以及早期远程信息处理项目发起者道格拉斯·戴维斯（Douglas Davis）在20世纪90年代早期便在年轻的万维网上发起了第一批网络艺术项目。例如他的作品——《世界首个合作句子》（*The World's First Collaborative Sentence*，1994）是一个永无止境的单句，从1994年起任何阅读它的人都可以自由添加新内容。一直到2005年，这件作品才从网站上下架。最终，这句超长的句子被分为21个章节，总计超过20万字符。毋庸置疑，该句子的非线性叙事形式在众多网友的加工下已经变得冗长，无法再进行有序阅读，但是其中包含的协作精神、叙事美感和互联网的开放态度仍然值得观众回味。

交互艺术家们以编程技术、电子感应装置、计算机图像技术、网络技术、虚拟现实技术、智能技术以及各种技术的综合运用创作艺术作品，改变了传统媒体的“线性秩序”，从独自述说走向对话，由此引发艺术对象、表达方式、阅读方式和功能价值等多方面的重大转变，散发出新的美学味道。对交互艺术的欣赏与解读也不再只局限于视觉和听觉的意义上，而是视觉与触觉、听觉甚至嗅觉的全方位的感官体验。这种深层次的感官体验，使“美”既存在于艺术的表象中，成为“感官美”，同时也存在于人机互动、人人互动的过程中，成为一种更为直接的“感触美”，从而引发更深、更强烈的审美体验。

三　多向度的思维模式

科学家曾预言宇宙的维度远远超过我们所能想象的四维空间，这将极大地激发创作者的想象力和热情。人类能够借助具体操作揭示世界的内部表述，并超越自身被生物学所固定的感知限度。交互艺术是多向度的，所谓的“多向”指创作者思维的多种方向，即从已有的信息出发，尽可能向多个方向扩展，求得多种不同的解决办法，衍生出各种不同的结果。交互艺术具有多种媒质和艺术特性的综合能力，因为具有更多的表达路径和更广阔的展示空间，通过与观众的互动获得变化的增长形态。交互艺术在探索中不断地迈进并证实了这一论断。

交互艺术的多向度思维是由交互艺术作品环境情景的变

化及其多种不同结局，参与者的多种文化背景及其对审美的多种要求，画面的可视性及其技术支持的可能性等多种要求决定的。交互艺术作品展开的多向性，迫使制作者不得不在艺术创意、构思和作品的创造及其制作的整个过程中，要考虑到故事情节的多向发展、环境的变化、参与者的存在以及相应的技术手段做出的程序化处理。对于全新的交互艺术思维的特点，可以做出如此臆测：从作者一方的创造思维转向创作者、参与者双方的"活动"思维；从单向度的思维转向多向度的思维；从审美思维转向审美与游戏思维互融的思维；从艺术思维转向艺术与技术思维交并的思维。①

从长远来看，交互性是发展艺术创造力的最有效的途径，它将会引导一个新的交互艺术多向度的思维美学领域。在数字艺术中，交互方式也是多方面的。艺术家与观众、艺术家与科学家和艺术人员、艺术家与机器、观众与观众、观众与机器、访客与作品之间都有互动关系。根据其互动的程度，数字艺术的互动模式大致可以分为三种互动方式：选择式、推理式和自动式。

选择式：是指在计算机系统的支撑下，可根据欣赏者的爱好与要求及操作使用的环境与条件，以人机对话的方式对各种艺术要素的属性及重组方式进行选择。不同的选择重组会产生不同的作品结构和不同的艺术效果。比如，在网页浏览过程中，点击不同的按钮会弹出不同效果的界面来。几乎所有的软件操作系统都带有选择式的特征。例如，安卓手机和苹果手机各自

① 英卓，王迟．互动艺术新视听[M]．北京：中国轻工业出版社，2007：67.

形成了一套特有的操作系统。安卓给予了用户更为开放的选择环境，用户可以从网上下载自行安装一些软件。而苹果手机系统则相对封闭，用户一般只能从苹果商店中下载符合自己需要的应用。计算机系统普遍由0和1的二进制代码构成，这是选择了二进制代码成为判断人类意图和命令的主要方式。因此，选择式在带来高度便捷性的同时，也在一定程度上损失了人类语言的丰富性和情感特征。

推理式：在数字游戏里已有典型的运用，指在专用软件系统的支撑下，艺术家可以对创作所必需的要素进行灵活设置，如情节、角色、道具、场景等，并能自动按因果关系、逻辑关系进行推理，计算出不同条件下的事件的结果。推理式体现出了一定的智能性，尤其是在人工智能大力发展的今天，计算机中人工智能的演算就是推理式的重要表现之一。以数字游戏为例，2016年，谷歌（Google）公司开发的人工智能围棋程序AlphaGo在与韩国棋手李世石的对战中以四比一的大比分击败人类选手。根据AlphaGo的设计方、谷歌旗下Deep Mind公司披露的技术资料显示，与人类棋手对弈的AlphaGo，其背后有170个GPU和1 200个标准CPU组成的计算网络。该计算网络使用蒙特卡洛树搜索（Monte Carlo tree search），借助值网络（value network）与策略网络（policy network）这两种深度神经网络，通过值网络来评估大量选点，并通过策略网络选择落点。在这种技术机理的支持下，以超级计算能力的提升为基础，AlphaGo通过深度学习（deep learning）获得整体态势判断能力，这是它能够战胜人类优秀棋手的根本原因，也体现了近年来人工智能至为关键的突破性发展。[①]随着计算机科学的发展，人工智能对推理式的运用日趋成熟，也为艺术创作和交互形式带来了更大的可能性。

自动式：也可称为“智能组合蒙太奇”，指在具有智能感知、识别、理解、判断、表达的智能系统的支撑下，能对艺术作品创作与欣赏过程进行自适应、自寻优、自学习、自组织的一种蒙太奇系统。在这种系统中，欣赏者可以通过一系列的传感器，全身心沉浸到虚拟的艺术世界里，直接与虚拟的人物对话，随意地在虚拟的时空中行动，推动剧情的发展，取得与现实世界中的“参与”相似甚至相同的艺术感受。这时欣赏者不再是一个单向的观赏者，而是和展示的艺术品之间在用一种互动的方式进行交流。交互艺术展示需要自动地与观众交互，这使得自动式成为交互艺术创造的一种看似智能、自动的表达形式。例如，在数字游戏中，玩家的每一次行为都会触发虚拟时空中的反馈，在这种自动反馈的过程中，玩家在交互中感受到及时的满足。

随着交互艺术的发展，以及人类思维科学研究的进展，对交互艺术思维规律的概括必然会进一步深化。作为人类在当代生活中的一种创造物，作为一种神奇的、能够在千变万化的奇观中享受审美和游戏的双重愉快的活动，交互艺术同样是人类思维的奇异果实，是人类思维发展到一定高度和境界的标志。交互艺术的制作者只有采用多维度思维，才能使参与者获得可介

① 杜悦英.人类进入与人工智能共舞的时代[J].中国发展观察，2016(6)：6-7，10.

入、干预和选择的空间，也才能使参与者与交互艺术之间产生互动，从而才能有交互艺术作品的存在。

四　审美体验的主动性

艺术是人类所特有的一种重要的精神交往形式，交往总要借助一定的媒介形式才能进行，因此，媒介形式的变化对艺术的存在形态有着重要的影响。从前人们去音乐厅听音乐或去美术馆欣赏绘画作品，是一次审美体验的经历过程，观赏者或许会被画中所呈现的艺术世界所打动，绘画中的形象唤起了观赏者对相关形象的回忆，使其感到心潮澎湃；观赏者或许会对作品的形式不满意，希望修改或补充它，但所有的情感活动只能发生在观赏者内心，不会影响到作品本身，创作者也无法接收到相应的反馈信息。在传统的艺术形式中，由于受艺术载体的物质性限制，这种精神交往主要体现为交往主体双方不在场的单向度交流。在以印刷媒介为载体的艺术形式（如小说和绘画）中，作者和读者之间很难形成一种平等的对话关系。由于印刷媒介的物质性阻隔，创作和欣赏都是自我之外的他人不在场的内心独白。作者以各种不同的艺术手法力求内在精神与外在表达形式间的同一，欣赏反过来则是追求对物质性文本的理想阅读。因此，艺术作品的物质存在成为需要克服的否定的对象，是相对于作者和读者这两个积极主体而言的消极客体，因为"它们标志着阅读与写作之间不可调和的距离"[①]。成功的艺术家的确能利

① Sean Cubitt. Digital Aesthetics [M]. London: SAGE Publications, 1998: 7.

用卓越的才能打动观众，电影和电视的诞生已经给人们带来了前所未有的视听体验。欣赏一部好的电影和电视节目，给人一种近乎完美的身心体验，观众会为之欢欣，也会为之涕下。唯一的遗憾是，已经发布的作品就是一个既成事实，它本身或许还有一点小小的遗憾，但却无法改变。

计算机的诞生从根本上改变了单向传输的模式，计算机本身就是同时具备输入和输出系统的双向设备。由于比特（bit）是0和1组成的数字编码，任何信息，无论是文字、图像还是声音，在数字媒介中都被转化为能够被计算机识别的比特，不同信息在数字媒介中的交流的物质壁垒被打破了，数字化的文字、图像和声音在数字媒介中的光速传播构成数字媒介交互性的重要前提。交互艺术不像传统艺术那样表现一些深刻的宗教主题或历史故事和事件，而是借助科学技术的最新成果，在扩展人类的视觉、听觉、触觉等多感官方面发挥了史无前例的作用，这些艺术作品在改变传统的创作方式的同时，也创造了艺术和观众的新型关系。

信息社会最大的技术革命就是人类对信息的接受从被动转变到主动，所以艺术创作主体、艺术客体与创作对象之间的关系也发生了巨大转变。观赏者既可以是艺术客体，也可以直接参与到艺术创作中，成为艺术创作的主体。在整个艺术活动过程中，主体与客体、客体和对象之间始终处在一种双向的交流状态。艺术客体与创作对象之间不再是被动的关系，而是互动的关系。这一方面使得原初的艺术作品被重新阐释、重新配置；另一方面也使得生产与消费、创作主体和艺术客体之间的原有身份发生了转变。艺术家在新媒体艺术的创作过程中,“心甘情愿”地将创作权交给欣赏者,而欣赏者也可以自由自在地充分发挥他们的想象力,如鱼得水般地进行再创作,可以根据自己的理解和喜好对艺术作品进行修改,创造出符合自己审美趣味和理想的新的艺术作品。

“交互”是数字媒体艺术区别于以往所有艺术形式的一个重要特征。数字虚拟艺术与传统艺术相比更倾向观众与虚拟空间的互动性交流。在这类虚拟作品中,观众不再是被动的欣赏者和观看者,而是变为参与者和体验者能够利用各种感官控制和参与作品。数字技术建构的虚拟现实在某种程度上比现实还要真实生动,在虚拟的空间里,层出不穷的互动之下,观众的自我认同也在不断发生着变化。真实的存在和虚拟实境的相交,激发出缤纷奇妙的想象,丰富了每一个参与者的角色扮演。

数字媒体艺术环境下,艺术作品的创作主体和客体之间的界限已不存在。穆尔(Jos de Mul)说:“信息技术在这里实现了先锋派的勃勃野心,把艺术品的被动消费者变成了艺术品的合作制作者。”[①]创作主体和艺术客体双方之间由以往的不平等关系和不直接交流转化为主动进入彼此之间平等的交流和相互的融合状态之中。此时,“客体”不仅是数字媒体艺术领域内参与体验的主体,同时也是互动作品中实现基本交互的一环。创

① 穆尔.赛博空间的奥德赛:走向虚拟本体论与人类学[M].麦永雄,译.桂林:广西大学出版社,2007:155.

作主体的地位逐渐被降低，作品不再有它唯一的、明确的主人，而是由创作主体和客体共同完成的，由他们双方的互动、交流最终创造出来；客体的地位也逐渐被消解，从原来的被动接受发展变为主动地参与创作，并且成了作品的第二创作者、第三创作者。

对于交互艺术来说，个人表达与个人创意已经由艺术家延伸到了观众，人们对艺术家的要求不再是创作动人的内容，而是设计环境、空间，让观众能够参与其中。艺术家现在所做的不再是像以往那样在现实世界中取样以反映其个人观点，而是构造框架，任由观众在作品中创造属于自己的世界。人们可以很随意地进入无限开放的虚拟世界中，在参与和改变作品的过程中获得自我价值的极大体现和审美愉悦感。这种新的作品也不再只是存在于欣赏者意识中的审美经验，而是经过欣赏者的再创造转化成的现实的艺术作品。

与传统艺术不同，数字媒体艺术的创作和欣赏完全可以成为主体间的一场直接的对话。创作主体的任何形式的表达，无论是文字、图像或声音都能以数字编码的形式实时传递到欣赏者的眼前，创作者的创作过程本身也展现在欣赏者的眼前。同时，欣赏者对作品的表达或创作构想有任何的见解，也能通过数字编码实时反馈到创作者那里，创作者能对表达和创作进行及时的调整。[①]一些数字艺术创作甚至直接邀请欣赏者参与创

① 程金海.数字艺术：主体自由的契机与陷阱[J].东南大学学报(哲学社会科学版),2007(1):85-89,125.

作。例如，德国艺术与媒体中心（ZKM）影像媒体研究所的主任杰弗里·肖（Jeffry Shaw）的作品《洞窑》（*CAVE*）。他利用木头人作为界面与虚拟世界进行交互的作品。在一个洞窟的环境中，当你拿起木头人的时候，它即开始驱动计算机和投影系统将图像投向周围的墙壁，观赏者可以打开木头人的眼睛，高举它的手臂、摆动它的大腿等，随意利用它来控制影像世界，投在六面屏幕上的图像随着木头人的动作而发生千变万化的组合，使人在人机的互动中完全沉浸在虚拟动态的影像世界里。[①]这时，观众也就是创作者，作品将观众也纳入其中。这样一来，作品就成了艺术家与观众共同参与创造而形成的作品，创作者（艺术家）不再是高高在上的权威主体，创作者（艺术家）与欣赏者（观众）之间形成了平等对话的伙伴关系。这种新的关系模式是对传统艺术中创作者与欣赏者关系模式的颠覆，在数字媒体艺术世界，作品不再是创作主体与艺术客体交往中有待克服的物质障碍，作品是自我与他人共同卷入其中的存在；客体不再是主客二元对立关系中那个不自由的客体，而是以对话代替了对抗、互动代替了被动的自由存在的客体。

我们常常看到的互动装置作品，最为基础的表现是一个有感染力的交互形式，因为作品常常反映的是人类自身的行为，并且准确地演绎交互者所做的一切。与此同时，受众也是非常重要的，他们能够表现出接受一件作品时的态度，也会意识到作品所反映出的多种可能性。因而一个新的多维空间拉近了系统与

① 资料来源：杰弗里·肖的个人网站http: //www.jeffrey-shaw.net/.

受众之间的距离。计算机技术在作品中的作用是记录并与受众交换信息,观众可以直接与艺术作品沟通,并通过这个行为在被允许的限度中设定自己的意愿,靠着直觉和作品进行交互,并果断地进入多维的空间。受众即交互者,当他们手持鼠标、靠近传感装置或通过肢体改变作品界面的原有面貌的时候,观众便成为新界面状态的创造者,同时也成为另一个作者。一件灵活多变的作品可以满足观众进行互动的欲望,作品所拥有的开放的、可进入的结构空间,使得电子作品必然与传统艺术作品的复杂结构有所区别,交互艺术打破了固定物质化的程式体系和超越了由传统艺术总结的经验和结论。交互艺术可以被看作一个预先突破了传统文化和艺术表达方式的艺术形式,是为在艺术家、作品与观众之间交换信息而创造的一条通道。这条通道能够建立可对话的网络作品、可感应的互动空间、可导航的娱乐装置等,它不局限于单向的反馈之中,可以足够的开放以适应多种交流。

数字交互艺术比以前的艺术表现形式更加深化了创作对象与艺术客体间的交流和沟通。从如今的发展趋势来看,创作对象愈加智能化、人性化,它越来越渴望扮演人类的角色,从而与客体之间建构一种人际关系。多媒体的交互功能使艺术家能够真正地与观众交流,使观众切身参与进来。它不仅仅是技术上的革新,更具有划时代的意义。

随着时代和技术的发展,“交互”这一术语的意义也在不断地经历转变。这一术语接受了各种不同的诠释,既包含着相互关联的社会行动理论,也包含着人类与机器交流的基本技术范畴(通常被称为交互性)。[①] 人机交互始终坚持以适合人类发展为目标,人类天马行空的创意加上科学技术的改进和创新,使人机交互成为传统艺术和科学实践的综合产物。人机共栖的自然交互是科技人性化发展的必然趋势,是人类信息交流的必然结果,也是科技艺术化的过程。

交互艺术是以互动理念和互动技术为核心的新媒体艺术类型,集科技与艺术于一体的艺术创作形式。在电子科技的支持下,实现人与人交互和人与机器互动的艺术表现。交互艺术同时包容了技术产生的美以及艺术塑造的美。技术本身可以就是美,技术也可以是无形的隐者,把美通过艺术的表象展现出来。交互艺术所追求的沟通性和人性化,以及互动艺术的"融合"现象,复合多种媒体,融技术和艺术于一体,融技术美和艺术美于一体,力图将高科技转化为高情感。狭义的"交互艺术"指的是以人机相互作用为基础的艺术形式,适应人类电子化、机器智能化的双重需要而出现。它强调人与机器之间的相互作用,以及这种相互作用对于人际交互的影响。

我们处在一个沟通的时代,一个互动的时代,一个心灵对话的时代。"互动"成为最时尚的字眼,"对话"成为最流行的沟通方式。尼葛洛庞帝在《数字化生存》中提出人与数字并生的"数字化生存"[②] 的概念。这种"数字化生存"带来的是人们

① 弗里林,丹尼尔斯.媒体艺术网络[M].潘自意,陈韵,译.上海:上海人民出版社,2014:194.

② 尼葛洛庞帝.数字化生存[M].胡泳,范海燕,译.海口:海南出版社,1997:21.

生存理念的转变，艺术的表现形式也随着数字化的理念发生转变，彻底改变了艺术家独自倾诉的方式，艺术家和欣赏者开始以互动的方式对话，互动性成为数字时代艺术发展的一个重要方向。创作者只是策动者却不是全局的控制者。艺术作品与观众之间的持续互动，欣赏者的反应被纳入作品内部，模糊了传统的艺术创作与艺术欣赏之间的界限，也解构了创作者与欣赏者之间的身份对立。艺术不再只是向观众进行单向的输出，而是将主动权交给观众，不同的人产生不同的互动效果，由此解构了传统艺术的认知与审美方式，建构出全新的审美体验。

第二章 艺术、媒介、体验

艺术、媒介、体验三者息息相关。一方面，艺术是一种建构世界、思想和自我创造的形式。无论是何种政治态度或文化意识形态在起作用，艺术一直都是精神的演习。另一方面，媒介在本质上是信息传播的工具和渠道，承载信息并将之传递给受众。约翰·费斯克（John Fiske）解释道，媒介是指“一种能使传播活动得以发生的中介性公共机构”。艺术带给人们审美体验的同时，媒介带给人们的信息传播也构成了一种体验，即审美体验可以传递信息，信息传播有时也是一种审美体验，体验成为连接艺术与媒介的重要节点，是人们主动欣赏、被动接受的活动环节。如今，艺术与媒介正呈现出紧密融合的态势，这也带来了体验的改变，将审美与信息传播结合了起来。

一　作为艺术语言的媒介

媒介是什么？媒介就是“拓展传播渠道，扩大传播范围或提高传播速度的一项科技发展”[①]。构成艺术作品的媒介作为跨

---

① 费斯克，等.关键概念：传播与文化研究辞典[M].李彬，译注.北京：新华出版社，2004：161.

时空传播的物质载体，在诠释作品观念和审美价值指向方面起着越来越重要的作用。媒介与艺术设计之间存在着多重互动关系。媒介不仅仅是艺术家创作的手段与工具，从信息传播的角度说，媒介还是艺术作品信息的传播通道与存储载体；从观众的角度来说，媒介还是理解艺术设计的路径与渠道。

媒介与艺术之间具有密切的关系，有媒介才有媒介艺术，媒介是艺术活动赖以生存发展的重要历史条件。人类社会发展的不同历史时期有着不同的媒介形态，不同的媒介形态在人类社会发展的不同历史时期又具有不同的信息传达特征。艺术发展的每一个阶段都会受到特定媒介的支配，每一种新媒介的出现也都会引起艺术的变革。在媒介发展史上，迄今为止经历了五次大的飞跃，每一次飞跃都诞生了一种新的媒介形态，这五种媒介形态依次为口语媒介、文字媒介、印刷媒介、电子媒介和数字媒介。每一次新媒介形态的诞生都带来了人类信息传播展示活动的突破性进展，同时也带来了媒介艺术的多种形态。

每一种媒介艺术都有着自己独特的媒介材料，它们构成了特定的媒介艺术形式。艺术家能利用一种特殊材料，把材料转化为表现的一种真实媒介，寻找包括形式、行为、文本与结构在内的新语言，实现精神和文化的愿望。媒介就是中介，是艺术家与感知者之间的中介。艺术家使材料成为媒介，其意义并不在于物质上是什么，而在于它表现了什么，即用它来表达一个意义，这与纯粹凭物质性存在来表现不同。[①]各种各样的材料组

① 杜威.艺术即体验[M].程颖，译.北京：金城出版社，2011：169.

合使得媒介艺术呈现出多元化、复杂化的特点，也使得媒介艺术呈现出令人惊奇的创造性。

如今，媒介艺术更多地受到计算机、软件等数字媒体的影响，各种材料、艺术语言汇聚成了数字媒体艺术多样化的展示效果。例如，世界剧院（Verdensteatret）是一个挪威奥斯陆的多媒体艺术团体，由来自不同领域的成员组成，有录像艺术家、计算机动画师、作曲家、画家、电焊工、音响工作师、表演艺术家等。他们以合作的方式，把不同艺术学科深入地结合在一起，从而构筑了连接各艺术门类的桥梁，由此形成一套独特而复杂的实验性视听风格。虽然“跨界”或者“混搭”已经成为时下创作的常用手法和思维，但少有像他们这样把这种“跨界混搭”运用得近乎出神入化的。近年来他们创作的作品有《所有问号开始高歌》（*And All the Questionmarks Started to Sing*）、《叙述乐队》（*The Telling Orchestra*）、《电一影》（*Electric Shadows*）、《在泥桥》（*The Bride over Mud*）等。世界剧院的作品看似“破铜烂铁”，往往包含了车轱辘、灯泡、枯木、铁丝、玻璃……以及投影和一些不连贯的画面、灯光、吱呀吱呀的声音。但是，这些材料的融合和学科的交融带来了全新的艺术体验。“让不同元素彼此渗入，让自身没有界限”是这个小组一直在努力的方向，他们甚至愿意隐身在机器背后，声称自己“不生产艺术，而是经由他们创造的机器在产生艺术”[①]。

① 广东美术馆官网：http: //ggjy.gdmoa.org/jyhd/1/20100323/17738.shtml.

他们的作品体验没有规律性也没有很强的故事性。例如，他们将一个铁环投影到墙壁上，并没有明确的所指。但是在光影的交换之间，想象空间无穷之大，就像小时候目光整夜整夜追随着墙上变幻的投影，不同投影幻化出不同事物，或在交谈，或在活动。面对简单、自然但不明确的光影，明确、有趣味的设想在人们的脑袋里酝酿。所谓的"交响乐"也不过是由机械声汇集而成，起先的段落只能算是音效，至高潮才出现绵延的、缜密的曲调。但正像他们的宗旨所说："看到声音，听到画面（Seeing the sound, listening to the images）。"[①]音乐汇集成画面，画面自己发出声音。作品能调用想象力，创作者与观赏者之间能建立起信赖，能产生互动。观者并不需要在他人的作品中找寻自己的生活痕迹，也不需要借他人的作品来表现某种其他领域的意图（比如政治意图）。这不是一次具有社会意义的实践（如为某阶层呐喊），而是一次重新度量我们感官的尝试。

媒介对于人的思维和行为方式的影响非常深刻，也影响着艺术的审美体验形式。媒介作为技术形态的演化与人类思维方式、行为方式存在着某种程度的对应关系。在人类媒介史上，语言的产生虽然促进了人类思维的发展，但其简单化、形象化的思维状态导致了自身传播的局限，带来的艺术的审美体验也主要依靠读者自行想象、发挥。文字则具有了离开对象进行跨越时空记载的能力，线形排列的文字媒介使抽象化的思维得到了飞

① 广东美术馆官网：http: //ggjy.gdmoa.org/jyhd/1/20100323/17738.shtml.

速发展深化，提升了人类的逻辑思维能力[①]，也扩展了艺术体验的范围，从叙事转移到逻辑上。印刷媒介不仅仅使知识和文化更好地被传承下来，更重要的是它导致了一系列社会结构和社会权力的转移，使文化的权力从精英走向大众，从而使得艺术的审美体验更为丰富。电子媒介使跨越空间、跨越国界的传播成为可能，因此马歇尔·麦克卢汉（Marshall McLuhan）把电子媒介与"地球村"联系在一起，艺术的审美体验更为多样化。20世纪90年代以来，信息技术、国际互联网、各种新型的传播媒介特别是网络媒介、手机媒介的兴起，给人类的信息传播、交流带来了巨大的变化，使人类进入了一个全新的传播时代。新媒介使信息传播走向双向性、个人化和全球化。数字媒介的特征是海量存储、形态融合、人机交互、及时更新等。数字媒介艺术通过数字形式传递的信息正在成为一种新型的审美体验。

由此可以看出，人类媒介的演化必然越来越人性化，后继的媒介也必然是对以前媒介的补足和补救。从某种程度上可以说，艺术发展的历史其实是媒介更迭的历史。媒介在对艺术活动的"媒而介之"的过程中，逐渐地由形式与因素转化为艺术的内容与本质所在。各类新兴载体不断涌现，新媒体技术逐渐成为观念前沿、创作手法新颖的艺术家所热衷的媒介工具。艺术设计呈现出媒介形式与制像方式的转换，将"平面图形"转换为"动态图像"，将"物理空间"转换为"虚拟空间"，将"被动接受"转换为"主动参与"，呈现出多维的表现形式。20世纪以来

---

① 戴元光，金冠军. 传播学概论[M]. 上海：上海交通大学出版社，2007：39.

的艺术发展已让我们清楚地看到，媒体艺术正在经历一个根本性的转变。整个世界刚刚接受网络和社会信息化，一场以数字媒体为主要载体的新媒体艺术的转移正在发生。

二　艺术的技术智力维度

艺术的背后是人类科技发展的影子，铁质工具的发明让大理石雕刻等艺术形式得以发展，颜料的研发造就了油画艺术的大繁荣，摄像机的发明则奠定了电影艺术的地位，计算机的普及为数字媒体艺术的创意提供了有力的工具支撑。艺术的技术智力维度是长期以来没有被人们关注的侧面，它不仅推动了艺术的发展，同时艺术也推动了技术和智力的发展，启发了新技术、新发明和新科技的应用。

（一）艺术与科学的早期发展

艺术先于科学而产生，从发生学的角度看，艺术早在人类从事造物并进行美化时已经产生了，其历史有数万年乃至几十万年的时间。在历史的长河中，艺术与科技总是密切联系在一起。即使是在原始时代，艺术家也要凭借特殊的技术知识进行艺术创造，例如，通过焚烤黄色颜料来使其变成红色以及使用精致的工具在洞穴石壁上镌刻和绘制图像。古希腊人使用同一个词“techne”来指称工艺和艺术，并且还用同样的名字来称呼工匠和艺术家：technites，如同工匠那样，艺术家在其创作中要依靠特殊的工具。在古希腊，人们认为艺术就是以恰当的知识制造某种东西的能力，所以，几何学、天文学、修辞学等都曾属于艺术。

意大利艺术家彼得·弗朗西斯科·阿尔贝蒂（Pietro Francesco Alberti）创作了《画家学院》（*An Academy of Painters*, 1600—1638）。这个雕刻作品反映了在文艺复兴时期典型的、跨学科的艺术教育。从图2-1中可以看到，艺术家的课程训练除了绘画以外还包括解剖、工程和数学。左边的那组在研究几何图，分析靠墙的拱门的精确画法；右边的那组正在解剖一具尸体。1632年，年仅26岁的伦勃朗（Rembrandt）应著名医学家

图2-1　彼得·弗朗西斯科·阿尔贝蒂版画作品《画家学院》（1600—1638）[①]

① 作品收藏于美国大都会艺术博物馆，图片来源：https: //www.metmuseum.org/art/collection/search/369583.

杜普教授和其他七位医生的要求，绘制一幅情节性群体肖像画《杜普先生的解剖课》(*The Anatomy Lesson of Dr. Nicolaes Tulp*, 1632)(图2-2)。教授在讲述解剖原理与手术实践的方法，显得十分老练，其余的则凝神察看，聆听老师的讲述。光线是从左边射来的，正好落在尸体和所有人物的脸上，使人物的脸部被描绘得更正确传神。这是生活中一个真实的场景经过画家独具匠心的表现形式而传达出来的审美享受。这幅画不仅反映了荷兰新兴资产阶级对绘画的新要求，也展示出那个时代对于科学的探求精神。

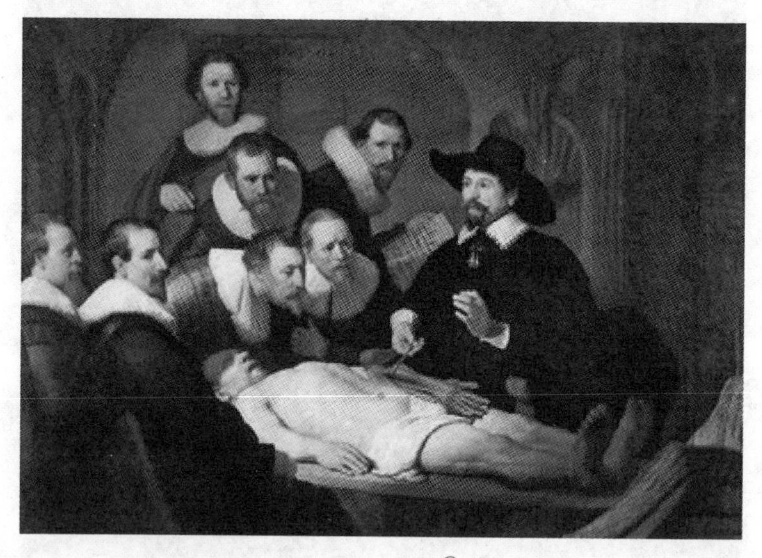

图2-2　伦勃朗《杜普先生的解剖课》(1632)[①]

① 伦勃朗于1632年创作的肖像画，现藏于荷兰海牙的莫瑞泰斯皇家美术馆，图片来源：https: //www.mauritshuis.nl/en/explore/the-collection/artworks/the-anatomy-lesson-of-dr-nicolaes-tulp-146/.

艺术通过机器找到了一种生动的表现形式，也许马塞尔·杜尚的《下楼梯的裸体》(*Nude Descending a Staircase*)系列作品的产生即是最好的说明。在美术史上，虽然难以将杜尚归结为立体派或是未来派，但他与立体派和未来派一样，深受科学技术的影响。作于1912年的油画《下楼梯的裸体第二号》以马雷的连续性照片为根据，肢解的而又变动的人体如同闪光的机器外壳。画家本人认为把这幅作品说成绘画并不恰当。它是动能因素的组成体，是时间和空间通过抽象的运动反映的一种表现……当我们考虑形的运动在一定时间内通过空间的时候，我们就走进了几何学和数学的领域，进行了艺术与科学的整合，正如我们为了那个目的制造一个机器时所做的那样。在杜尚的作品中，艺术成为技术的代言人，更确切地说是艺术融合进了科学的思考方式，呈现出科学艺术的一面。

从历史发展角度来看，艺术与科学曾经紧密交融，艺术推动了科学的发展，展现了科学美的一面，科学也服务于艺术，是艺术的技术智力维度的历史发展的重要印记。但是随着科学的发展，科学逐渐脱离了艺术，成为技术发展的理性思考，艺术的感性审美似乎不再受到科学的影响，这对今后艺术与科学的相互影响奠定了基础。

（二）图形技术对艺术的支撑

尽管自古希腊文化以来，艺术与技术渐渐地分道扬镳，但是，现代艺术家显然与其古代的前辈一样，并没有减少对技术工具的依赖，而是通过技术进一步加强了人类视觉的能力。人类是视觉动物，来自技术上的艺术实践的影响，特别是数字化的图形技术，将人类眼睛所能看到的范围、颜色、分辨率提升到了前所未有的高度。从这个意义上来说，艺术与技术并没有分道扬镳，反而是达到了一种新的高度。图形技术将人类所能感知到的图像重新呈现在视觉中，其丰富性不仅是技术对艺术的支撑，也是艺术创造力的来源，提高了人类对技术、科技、智力的理解能力和美学欣赏能力。

20世纪人类的视觉图形、图像语言得到了空前的开拓，艺术的视角和语言也发生了革命性变化，艺术无论在观念上还是在形式上都发生了巨大的变化。与新的媒体相适应的新的艺术形式吸引了越来越多的观众，人们日益提高的视觉审美需求再度促使科学技术与艺术的结合，尤其在近二三十年的艺术发展中，艺术对新技术成果的吸收与利用更具有鲜明的特征。从其发展轨迹来看，随着计算机虚拟技术在艺术创作中的广泛应用，新的艺术形式对视觉、图形、图像的要求不断提升，视觉艺术的变革经历了从平面走向立体、从现实走向虚拟、从被动接受到主动参与作品创作的过程。我们甚至可以说，今天的艺术家比以往任何时候都更为依赖技术。视觉感知艺术、审美让高精、高清、高色彩分辨率的要求已然不能满足人类的要求，在科学技术的支撑下，发展出基于视觉图形图像技术的沉浸艺术感知，也就是我们所熟知的虚拟现实技术。

以虚拟现实技术在艺术设计中的应用为例，那种我们看似栖身其间的环境并不存在于惯常的物质感受中，而是一个计算机生成的世界。在虚拟现实中，给人配备一个提供三维图像显示的数据头盔、耳机，以及一副“数据手套”或“数据服”，衣服的各个部位配以自动记录身体运动并能使触觉体验浮现于脑际的传感器。头盔、手套及衣服与一个机器人相联结，机器人同样也配备了照相机、麦克风和传感器。借助这种视觉显示装备和耳机，我们能够接通机器人的人造感觉，去观察、聆听和感受，而由于有了中介的计算机，它自动记录（几乎是）我们“实时”的运动，并将之转译为对机器的指令，机器人便对我们的运动做出反应。当我们扭动我们的头，机器人也扭动它的头；当我们向某物体伸出我们的手时，机器人也伸出它的手。

虚拟现实技术的用户完全沉浸在电子显现环境中，而且由于用户的身体是遥感的，所以用户能够在这种环境中巡游并与它产生互动。在第二届北京国际新媒体艺术展上，荷兰艺术家马密克斯·德·奈斯（Mamix de Nijs）的作品《跑啊跑》是一件机器与人之间互动关系的作品。它以穿越鹿特丹黑夜的短途旅行作为影像，并由一个影像跑步机装置组成。奔跑者的奔跑节奏决定图像的运动速度，可以通过向左或向右跑来切换图像。这件作品中充斥着被压抑的情感，奔跑者在无边的黑夜中开始觉得自己像是在被追逐着，随后意识到自己是被奔跑的速度所控制而选择了画面，最后明白了自己是被机器所控制。虚拟现实的典型特色，就是力求通过改革知觉和人机界面技术，在知觉感性方面表现出令用户感觉身临其境的“沉浸式”视觉和声觉体验。通过各种技术增强计算机的表现能力，包括显示具有立体感的三维视觉形象，围绕在整个环境的环绕式投影影像，三维立体声音定位，这些技术都是建立在人类生理反应基础上的。

人类通过两眼看见的差异来判定深度，或是两耳感觉同一信号的毫秒时间差异来定位空间，虚拟现实系统给使用者造成一种假象，让他们感觉看到的、听见的一切比正常的真实环境更加真实。

迈克尔·海姆（Michael Heim）认为，虚拟现实技术归根结底是一种艺术形式。他说道："也许虚拟现实本质不在于技术而在于艺术，它也许是最高级的艺术。虚拟现实不是去掌控、逃避、娱乐或者交流，它的终极承载，或许是要改变和补救我们的现实感——这是最高级的艺术曾经尝试去做的事情。虚拟现实的标记就有这种暗示，尽管有各种反对意见，但是，这种标记确实对一个世纪的技术创新的总结，打下了时代的烙印。"[①]我们赞同海姆的说法，虚拟现实确实把自古典希腊文化以来分道扬镳的艺术与技术重新结合了起来。虚拟现实既不是像某些赛博大师想要我们相信的那样是一种圣杯，也不是像某些悲观主义者所想的那样是一种终极性的"对现实的攻击"。然而，这并不是说虚拟现实就是一种中性的技术。像一切技术那样，虚拟现实以自己的方式显示存在，一种新颖的方式，既揭示又遮蔽。恰如之前的每一种技术，它给我们提供了一个完整的领域，其中具有新的可能性和新的危险，有从前梦想不到的愉悦，甚至在未来主义的梦魇中也无法预料的挫败。

科学与艺术是人类文明的两大支柱，艺术从来都必须通过

① Michael Heim. The Metaphysics of Virtual Reality[M]. New York: Oxford University Press, 1993: 124.

技术媒介得以表现。技术媒介给人类的视觉感知和审美带来了无与伦比的体验，这种体验随着计算机等科学的发展，越发地逼真，从黑白到彩色，从像素块到高分辨率，从模拟到仿真，从平面到虚拟现实的三维世界，一步步地将人类世界的丰富性呈现出来。随着技术的发展，图形技术对真实世界的模拟和仿真给艺术的创作提供了强有力的支撑，艺术得以创造出一个堪比现实、超越现实的虚拟世界。

（三）交互技术是艺术的媒介

罗伊·阿斯科特（Roy Ascott）认为，随着艺术的发展，技术智力原则将会处于艺术中心，并且所有表现为艺术形式的意识都将是扩展艺术的场所[①]。对技术智力美学的深层优势予以探索的艺术家早就做好了面对这些问题的准备。在遥远的过去，在偏远的地区，或者干脆在我们都可以到达的双重意识里可能找到其中一个答案。它可能出现在巫师的角色中，在生物远程信息处理文化中重新创立一个新情境，而不是重新断定针对思想的创造、操控和分配的能力。它可能被作为从网络互动的复杂性中表现出来的，或从人造生命的自我组装过程走出来的保护者。如今，交互艺术的发展在一定程度上依赖不同阶段来自技术领域的影响，交互艺术的观念和形态的演变与技术的发展是并行的，并在一定程度上受制于技术。科学家和艺术家都对

① 阿斯科特.未来就是现在：艺术，技术和意识［M］.周凌，任爱凡，译.北京：金城出版社，2012：122.

先进的技术可以帮助探索思想的方式感到好奇。

古代的巫术让信徒们围绕着巫师进行虔诚的礼仪交互，而现在交互艺术则让观众们围绕着艺术作品进行审美的体验交互。例如，中国2010年上海世界博览会（以下简称上海世博会）德国馆中动力能源大厅的互动金属球，是德国馆最大的亮点。金属球由斯图加特大学的科学家用了一年半的时间研制而成，直径达到3米，重量约为1.5吨，装有40万根发光二极管，球体表面可播放、展示LED影像及图片。其中的最神奇之处在于，它可以将参观者的鼓掌、欢呼声转化为动力，影响金属球体甚至整个空间。互动开始时，随着人们发出的呼喊，黑色的金属球会根据两侧声音的大小，开始发光，美丽的城市风光、火焰和海水，纷繁的图景让观众屏息凝神观看。不过，气氛不会如此沉静下去，观众被分成两批跟着解说员的指令呼喊，听到喊声后，金属球上首先会闪现一只眼睛，自动找到声音最响亮的那个方向，然后，哪边的呼喊声大，互动球向那一边的摇摆也更为剧烈。为了让金属球偏向自己这边，封闭的空间里人声鼎沸，完全没有沉闷的气息。金属球的核心就是在其基座设有声控及互动控制装置，能够对外来声音产生反应，哪怕是极微小的声音也能感觉到。如果观众齐声高喊，球内的声控装置便会应声摆动，同时球体表面上不断变化的影像和色彩也将随之投映到“动力之源”大厅的各个角落。据介绍，金属球的驱动装置基于物理学中的单摆定律，只要金属球固定杆顶部的基点接收到轻微的震动，就能将悬挂于其下的金属球带入摆动状态。也就是说，只要参观者齐心协力高声呼喊，就能够通过声控互动操控装置左右金属球摆动的方向。这种以虚拟现实技术为代表的拟人化智能装置或环境的建立，无疑给交互艺术的发展提供了更广阔的空间。交互技术为艺术带来了巨大的发展，这种改变和升级超越了艺术的基本材料，重新组合成为艺术的审美体验，可以说是艺术的技术维度的重大发展和变化。

如果说交互技术改变了观众在现场体验艺术作品的行为，那么现代通信技术则改变了人们远程与艺术作品，或者说是观众与艺术家的沟通和交互。现代通信技术形成的“咫尺天涯”，现代摄影术和电子存储带来的“瞬间永恒”，国际互联网络把世界“一网打尽”等，都是科学与艺术的结合在人的存在方式上的完美体现。它们已经跨越了个人生存空间的藩篱，把生命的有限提升为生命创造的无限，把生存的需求升华为满足后的心灵享受，在改变世界图景的同时，又让人类乘坐睿智的“科学方舟”去畅游审美化的生存境界。跨越时间和空间的交互技术创造出了全新的艺术体验形式，这时，交互技术就变成了一种媒介，拉近了观众与艺术家的距离，也拉近了观众与艺术作品的距离。

技术和艺术的世界是人类的欲望表达方式，人类意欲在他们与世界、与他们的同伴以及自身相分离的沟堑上搭建起沟通的桥梁。自古老的洪荒世界以来，技术一向是以跨越边界为指向的，时间和空间上的各种边界皆由我们的限度而生成。譬如说书写，书写能够弥补我们时间上的限度，使我们能够利用我们先辈的知识和经验，并将我们自己的知识和经验传递给我们的后代。而望远镜和显微镜的发明已（部分地）使我们能够克服感觉空间的限度。正因为如此，彼得·维贝尔（Peter Weibel）

在他的《电子时代的新空间》一文中认为："技术有助于填补、弥合、克服因缺席出现的不足。每种形式的技术都是远程技术，用于克服空间和时间的距离。然而，这种对距离和时间上的征服只是（远程）媒介的现象学层面的。媒介真正的作用在于克服由距离和时间、各种形式的缺席、离开、分离、消失、中断、退缩和失去所引发的精神障碍（恐惧、控制机制、阉割情绪等）。通过克服或关闭缺席的消极视野，技术媒介成为关注和存在的技术。通过将缺席形象化，使其具有象征意义，媒介也将缺席的破坏性后果转化为令人愉快的结果。在征服距离和时间之时，媒介还帮助我们克服恐惧，激励自我。"①

麦克卢汉认为：一切技术都是肉体和神经系统增加力量和速度的延伸②。现代科技手段的一个重要特点就在于延伸了正常感官所赋予人的感受能力和表达能力，使人类感知体验的时空范围大大扩展。数字艺术对新技术的运用，促发了艺术从客观再现和个人表现转向关注可能被延伸或被压缩的现实。与传统艺术不同，数字艺术可以借助计算机将人的视觉想象力和空间探索范围大大地加以拓展，艺术家不再受到有形的物质世界的限制，他们可以借助各种电脑软件或程序，为视觉创新提供更多的契机。譬如，在数字技术的帮助下，既可以把历史压缩成瞬间，也可以将最隐私的个人生活推向公众，人类生活中一切内容

① Peter Weibel. New Space in the Electronic Age[C]//Alex Adriaansens, Joke Brouwer, eds. Book for the Un-stable Media. V_2-Organization, 1992: 75.

② 麦克卢汉.理解媒介：论人的延伸[M].何道宽，译.北京：商务印书馆，2000：128.

都能够作为视知觉任意穿梭的领域，因而失去其神圣性和隐蔽性；在数字技术的引领下，地域可以凝结成人工智能空间中的一个符码，任何遥远陌生的生活场景都会被拉入屏幕，在键盘与鼠标的点击中丧失其固有的神秘；在互联网与电动游戏中，人们走入可以乱真的虚拟社区和历险故事中，幻化成不同身份的自我去尝试不同的生活。

"在我们承认科学是一种艺术形式时，并没有使科学蒙羞。恰恰相反，科学变成了所有艺术的范式。情况变得很清楚，所有类型的艺术都只有变成现实，亦就是说：在它们褪去其经验的蜕皮并且接近科学理论的精确性之际，就生产出它们的现实性……由于数字化，所有艺术形式都变成了精确的科学学科，不再能够与科学分开。"[①]在技术的辅助下，真实的生存体验被虚拟的世界拓展了界限，日常世俗生活能够被轻松实现的"艺术"活动提升了境界，无论从物质还是精神层面，生存世界似乎变得更加开阔了。但是，生存世界的拓展却造成了真实与虚假的边界混淆，虚假的影像和符号世界取代了真实的生活世界，真实世界则渐渐消隐，在艺术和生活对现代传播技术的过度依赖中，人陷入符号体系构成的镜像世界中，进入了类像化的生存状态。科学正在变成可能性的艺术，因为引人注目的焦点已经不再是世界如何存在，而是世界可能如何存在，以及我们如何能够最有效地基于既有的数字技术资源去创造另外一个世界。艺术与技

---

① 穆尔.赛博空间的奥德赛：走向虚拟本体论与人类学[M].麦永雄，译.桂林：广西大学出版社，2007：155.

术正在融为一体，回归到它们原初的身份。

三　数字媒介与艺术体验

艺术呈现给我们的是一个丰富的感情世界，体验作为人的一种精神活动，是指人亲身的经历、实践、体会、理解、认识、感受等，是主体和客体的沟通。艺术的创作和欣赏都离不开体验，体验是艺术的审美过程。体验的过程既是感觉、知觉的过程，也是注意、思维的过程以及情绪产生和变化的过程。审美体验指人们通过自己的感觉系统，如触觉、听觉、味觉、温度感、震动感和平衡感等达到的对美的体验，亦即对象的"美"通过"主体"的体验得以呈现。体验的价值在于身临其境的完美感知，审美活动正是在"体验"的过程中实现了超越。

技术的作用是提供工具和媒介，由此实现精神和文化的愿望。媒介是艺术审美理念与艺术精神的寄身寓所。当艺术实践通过数字媒介体现时，它是一种包含了所有感官的语言，更有甚者也许超越了感官，呼唤我们新发展和重新发现的超知觉。麦克卢汉认为，技术的影响不是发生在意见和观念的层面上，而是要坚定不移、不可抗拒地改变人的感觉比率和感知模式。只有能泰然自若地对待技术的人才是严肃的艺术家，因为他在察觉感知的变化方面够得上专家。[①]

麦克卢汉有关大众媒介的理论令人着迷，他发明了许多时

---

① 麦克卢汉．理解媒介：论人的延伸［M］．何道宽，译．北京：商务印书馆，2000：46.

髦的短语，描述他是怎样理解传播技术形成意识的。他做出的最为重要贡献是将注意力集中于媒介形式而非媒介内容。麦克卢汉声称，传播技术带有的形式与信息内容一样地或更多地影响人们自媒介社会互动中带走的意义。或许我们也可以说麦克卢汉强调更多的是硬件而非软件。麦克卢汉撰文讨论媒介的社会历史发展时声称每一个新的传播媒介都以独特的方式操纵着时空（“媒介就是信息”“流行和不流行的传播”）。因此，每一种媒介都是以它自己的方式极大地影响着人类的知觉和社会结构。他认为全世界的人“通过电子传播技术的突破将广泛共享的人类情感和经验联系统一在一起”。[1]

媒介帮助人们形成并维系规则及其内含的意识形态倾向，传送的结果是向人们灌输和更新观念以及形成意义的方式。在现代化世界里，数字媒介属于最叫好及最有效的意识形态的传达者和社会准则的代言人。拥有和控制了数字媒介，将意味着拥有了无可匹敌的社会权力。透过大众传播媒体所宣扬并已证实了的一系列具有意识形态倾向的信息来看，数字媒介的特权的确是一股令人折服的社会力量。因此，英国科幻小说作家乔治·奥威尔对未来并不乐观。在他的著名的小说《1984》中，他所想象的20世纪末被科技极权统治所笼罩，而无时无刻无所不在的控制则是通过高科技来实现的。他激发了诸如菲利普·迪克（Philip Dick）、艾伦·摩尔（Alan Moore）

---

① 罗尔.媒介、传播、文化：一个全球性的途径［M］.董洪川，译.北京：商务印书馆，2012：45-46.

和沃卓斯基兄弟（The Wachowskis）等作家与艺术家的灵感，以他们的创作继续提醒人类文明对极权和科学技术的警戒。但是这种技术媒介带来的社会力量并不如奥威尔小说中一般恐怖。科学技术这种媒介也成就了艺术审美的体验，将这种社会力量变成了一种艺术作品。例如，2015年4月10日晚，来自世界各地的2 000名示威者聚集在西班牙马德里街头，抗议最新颁布的“限言令”。他们的抗议利用全息影像技术完成了一场虚拟的游行抗议。为实现世界上的第一场“全息影像抗议”，来自世界各地的人们在活动前向“我们不是罪犯”团体发送了超过2000个虚拟图像。这场在晚上举行的示威活动人声鼎沸，但并没有造成任何交通堵塞。因为现场参与游行的，只有鬼魅一般的影像。这场充满未来感的示威活动采用全息影像技术来完成，由一个叫“No Somos Delito（我们不是罪犯）”的团体发起，虽然没有真人现身，但这场由数字媒介构成的游行同样不输气势，艺术感十足。

此外，我们还关注媒介艺术形成的两个基本过程。其一，媒介艺术有能力通过运用技术以提高体验的方式，克服非媒介的“真实的”时间和空间的局限。其二，媒介艺术极端改变时空意义的能力，观众以给他们带来体验的不同于非媒介的“真实时间”经历，解释和利用媒介时空。媒介艺术如何利用技术以影响人类的时空观及人类与时空的关系，是一个重要而持久的理论问题。信息脱离了信息的发送者、脱离了时间、脱离了它的产生语境而存在。传递的信息可以在不同时间、不同地点和背景下被大量的人接收到。现代人能够比其他任何时期的人们更有效地处理时间与空间。在当下的世界中，时间和空间能为即兴念头和舒适而例行地改变。1994年，艺术家肯·戈德伯格（Ken Goldberg）和约瑟夫·桑格罗玛纳（Joseph Santarromana）合作，利用机器人、网络等技术创作了《远程花园》（*Telegarden*，1995），人们通过网络灌溉和培育了这个花园，在地球的各个角落，在匿名状态下共同照管着这个花园，共同创造了这件全球文化时代的象征性作品。通过消除传统的时空观限制，数字技术创造出完全由陌生人组成的协作友好团队。因此，生活在不断强化的媒介社会中，艺术和观众联合起来创造出时空的新意义。

数字媒介以信息技术为依托，所追求的是一种创意、信息、情感、文化，这使得它可以突破时间和空间的限制，打破国家和地区的限制，使艺术活动变得虚拟化、全球化。数字媒介形式使征服时间和空间的独特技术成为可能，在以史无前例的速度和效率跨越时间和空间的过程中，信息传播技术也影响着日常生活的潮流和设定，以对人类更为根本的方式影响着人类意识，而这些影响是从在巨大的时空压缩和重构中获得体验的人们身上表现出来的。数字时代的交互艺术具有了“数字”的思维和“数字”的创意，为人类提供了一把使艺术从必然王国走向自由王国的金钥匙，提供了让人类的想象力自由驰骋的可能性和途径。

艺术、媒介、体验皆因科学和技术联系在一起。罗斯金（John Ruskin）叫我们抛弃机器的笨拙；约翰·列侬（John Lennon）让我们回归乡野的恬静；威廉·吉布森（William Gibson）提醒我们，互联网让沟通跨越时空，却让心灵的距离变得越来越远。如今的我们,在日新月异的科技革新面前,已经变得越来越适应。我们习惯了“常识”被不断超越,习惯了“没有不可能”。如何在这种“万般可能”的科技中保持艺术审美的初心,去体验、享受真正的美?科学技术除了是一种物质的财富外,还是一种观念的财富,这观念的财富中就裹挟着诗意审美的因子。我们只有在数字媒介的声、光、电、屏的喧哗中保持一份宁静的心情,让自由舒展的灵魂敏锐地感悟、体验现代生活的美,并懂得珍藏生活中的诗意,那么,我们便不难觉察现代高新科技各个领域所孕育的诗意之美,以及它给予我们的那一份温馨的美的享受。

公共空间的艺术

北京外国语大学的李建盛教授认为："公共艺术因其'公共'性质和'公共领域'属性而具有其他艺术生成和艺术作品所不具有的公共维度，且公共性是一个最为重要的维度，正是这种公共性体现了公共艺术不同于其他艺术的本体论存在方式，决定公共艺术具有空间审美生成功能和公共艺术价值。"[①]公共一词决定了在具有这一属性的空间中，东西是公开的，而不是私有的，只有那些能够引起公众广泛兴趣的艺术作品或事物才具有公共性。因此，在这些公共空间中的艺术如何吸引公众的目光，结合交互艺术自身的特质，如何在创作时兼顾公共性的属性就是接下来需要关注的重点。

一　参与性的艺术

公共空间的设计是人类提升生活品质并创造新的生活方式的一种行为活动。设计在现代城市中已经无时不在，无处不在，

① 李建盛.公共领域、公共性与公共艺术本体论[J].北京社会科学，2020(11)：118-128.

渗透到人们衣食住行的每一个生活空间。公共空间是向社会所有公众开放的空间，其最高级的物质文化形式就是公共艺术，是公共空间审美文化形式。在当代社会，随着科技水平、信息交流技术以及互动多媒体的不断发展，交互艺术迅速进入公共空间，不但丰富了人们的视觉空间，还从人们的主动参与过程中创造了一种现代生活的新时尚。在多元化和个性化的公共艺术发展空间中，交互艺术将引领公共艺术观念变革，成为促进多元文化的发展和助推生活审美化建设的重要途径。

信息社会最大的技术革命就是人类对信息的接受从被动转变到主动，所以艺术创作主体、艺术客体与创作对象之间的关系也发生了巨大转变。艺术客体既可以是观赏者，也可以直接参与到艺术创作之中，成为艺术创作的主体。艺术客体与创作对象之间不再是被动的关系，而是互动的关系。在传统艺术中"互动参与"一直是审美体验努力追求却无法达到的境界。从前去美术馆欣赏绘画作品时，观赏者经历了一次审美体验的过程，会被画中所呈现的艺术世界所打动，或被画中的形象唤起对相关形象的回忆，感到心潮澎湃；或许会对作品的形式不满意，希望修改或补充它。但所有的情感活动只能发生在观赏者内心，不会影响到作品本身，创作者也无法接收到相应的反馈信息。成功的艺术家的确能利用卓越的才能打动观众。一部好的电影或电视节目，给人一种近乎完美的身心体验，观众会为之欢欣，也会为之涕下。遗憾的是，已经发布的作品就是既成事实，其本身或许还有一点小小的遗憾，但是无法改变。美术馆等场所会设立解说员，通过这种方式与观赏者沟通；电影院改善欣赏环境，提高音响的质量；电视节目设置短信平台，电视连续剧根据观众的反馈设定结局等——这些都是在大众“参与”方面做出的努力，但所有努力都没有改变艺术品单向传递这一事实。

以2010年上海世博会为例，夜晚进入世博园，感觉仿佛来到了光怪陆离的未来世界。日本产业馆在自己场馆门口通道20米上空，建了一个巨大的LED天花板壁画，画家绢谷幸二为日本产业馆创作的“日月天空飞翔”图在空中闪烁，十分耀眼，色彩缤纷，画面丰富。这件公共艺术品不是人们路过时瞥一眼就能体会到的，得驻足静心观赏，就像到美术馆参观，必须付出时间换取心灵的收获。另一边，瑞士馆的红色“帷幕”在晚上随风发光；阿联酋馆“流动的沙丘”到了夜晚犹如深海中一只徐徐升起的水母；企业联合馆在夜晚会变身“魔方”；还有“夜光飞碟”的世博文化中心等。这些各具特色的大型灯光艺术秀、动感雕塑、水体景观等公共空间的艺术将艺术家和设计师的专业技能、想象力与创造力融入了创新空间，其独特的品质弥漫渗透进整个空间，通过创作一个个具有视觉冲击力的环境视觉艺术品而赋予空间灵魂与生命力，使空间显得生机勃勃。精心设计的高质量的公共空间可以促进丰富多彩的城市生活，并激发人们的情感和智慧以及对居住城市的美学认同和情感记忆，形成关于城市记忆的恒久印象。[①]这些建筑成为世博园这一巨大

① 柴秋霞.新媒体艺术对城市公共空间设计的拓展[J].新闻记者，2012(2)：68-70.

公共空间中的艺术作品，使得它们既包含了建筑的实用功能，又具备了艺术的审美欣赏功能，让在园区内的观众、行人、游客可以根据自己的喜好、偏爱、目的，随时驻足欣赏，或是有意或是无意地参与到公共空间的艺术之中。介入的时机和参与的时长不再由导演、艺术家、讲解员等角色来控制，而是由参与的观众，或者说是公共空间中的参与者来自行掌握，这也就形成了公共空间中艺术作品的参与性，将选择权交到了观众手中。随着观众在园区公共空间中的行动路线，他们得以选择在不同时间、不同角度欣赏每栋建筑艺术的灯光表演，所感知到的审美体验也是不同的，参与的程度也有着一定的区别。公共空间在此时协助观众欣赏艺术、参与艺术，是观众参与其中的重要条件之一。

另一方面，交互艺术强调公众的参与性。交互艺术最为鲜明的特质为其互动性，在其联结、融入、互动、转化、呈现的过程中，公众可以参与其中，与介质及他人进行互动。它不同于传统博物馆式的单向的、静态的展示，而是趋向与观众产生不同方式的交流、接触，形成某种直接介入和对话的互动过程。这可以导致作品及参与者意识转化，并衍生出全新的思维与感知体验。参与者经由和作品之间的直接互动，改变了作品的影像、造型乃至意义。交互艺术作品也只有在大众渗入过程中才能真正实现作品的价值。

墨西哥裔加拿大艺术家拉斐尔·洛扎诺-亨默（Rafael Lozano-Hemmer）以创作大型互动装置艺术闻名于欧洲、亚洲以及北美地区。他擅长使用网络技术、机器人技术、移动电话、定制软件、传感器、摄像、跟踪系统等其他高科技手段来实现和观众的互动。他的“反纪念碑”式的艺术形态通过和观众的联系交流而挑战了传统的“场域特定性”（site-specific），转而着重于“关系特定性”（relationship-specific）。他也常通过小型的影像和装置作品来探讨日常生活中的监视、诱骗、感知等主题。从20世纪90年代开始被关注以来，他不断地把艺术的不同表现手法如机械、影像、数字媒体、行为以及日常生活经验融入他自己的互动艺术作品当中。亨默创作的《身体影像》（*Body Movies*，2001）是一个大型公共空间互动装置艺术作品，该作品使用电影院的外墙（90米×20米）作为交互投影的荧屏（图3-1）。

图3-1　拉斐尔·洛扎诺-亨默《身体影像》（2001）①

① 图片来自拉斐尔·洛扎诺-亨默的官网：https: //www.lozano-hemmer.com/images.php.

在鹿特丹中心的舒乌伯格广场上，硕大的交互人像投影在电影院的外墙上。在鹿特丹、马德里、墨西哥城、蒙特利尔街头拍摄的数以千计的人像，通过布置在广场四周的自动控制的投影机显现出来。不过，这些人像只是藏在过往行人的剪影之中，由于行人与广场地面的强光灯远近不同，这些剪影的长度也从2米到22米不等。他设置了影像追踪系统实时监控阴影的位置，当阴影与某个场景中全部的人像都相符时，控制计算机就会自动发出一个指令，将场景转变为一组人像。通过这种方式，广场上的行人被邀约来表现不同的故事。这件作品将电影院的建筑变为缩短人们与城市间距离的一个媒介。在任一时间，这个系统允许80人在1 200平方米的范围内同时参与互动，它使所有经过的人都在“某种程度上”参与这次互动。它放大了每一个经过的人之间的联系，使他们间的“非物理性”距离变得很微妙。并且，它使得整个广场变成了一个大的影子游乐场，一些互不相识的人利用自己的影子互相开玩笑，利用这种没有纵深的投影空间，人们很容易表现一个巨人踩一个小人，一个人将啤酒倒在另一个人头上的故事等。现场的观众也乐此不疲，在互动中得到了巨大的乐趣。用作者自己的话来说：“当代的城市是一个广告的城市，是一个钢筋水泥的城市，是一个不断散播消费信息的都市。而我感兴趣的是创造一个艺术作品，让人们在其中翻转此种状态，这样人们才是真正的媒介，人们才是信息。”通过这个作品，亨默兴奋地看到：“人们刚接触这个装置时，会自然而然地走近，然后发现其中隐藏的影像。在我的大部分作品和其他新媒体艺术里，人们需要很多解释，需要与作品互动的指令——哪些是该做或不该做的。但在这里完全不需要，观众一接触便立即能参与到作品中来。”[①]在亨默的作品中，交互艺术占据了参与性的主要环节，公共空间则成为布景，为人们的交互和参与提供舞台，成为人们与影子协同互动的介质。因为，一旦失去了公共空间，人们就失去了交互的幕布和舞台，交互艺术的参与性就无从谈起。公共空间在亨默的城市交互艺术作品中承担了重要的作用，是人们参与、介入交互艺术的重要保障。

参与使人们了解公共艺术，也只有在参与过程中才真正实现了公共艺术的价值。上海世博园内多样的建筑艺术就是一种参与性的公共空间中的艺术，欣赏这些建筑艺术的主动权在游客和行人手中，他们控制着参与公共空间中艺术的时机、时长。这种参与性来自公共空间的特性、公共空间的安排。而交互艺术强调的参与性则是借助了公共空间的场域，创造了一种人与人在公共空间内交流的方式，公共空间充当了一种介质功能。公共艺术的传播，不同于传统博物馆式的单向的、静态的展示，而是趋向与观众产生不同方式的交流、接触，形成某种直接介入和对话的互动过程。“公共艺术需要大众参与，才能为大众所享有和共有。”[②]公共艺术未来发展方向应多与新媒体艺术相结合，而此种结合一方面将促进公共艺术的发展，一方面将使得公共艺术的艺术效果因多媒体艺术和交互艺术的加入而更具亲和力。

---

① 拉斐尔・洛扎诺-亨默官网：https: //www.lozano-hemmer.com/videos.php?id=6&type=Projects/.

② 金元浦.北京：走向世界城市[M].北京：北京科学技术出版社，2010：373.

二　介入公共空间

交互艺术的兴起与发展，使艺术更加亲民和大众化。交互艺术积极地投入大众文化与日常生活中，艺术走出了个人的私密性与狭隘感，对大众文化具有极强的影响力。交互艺术广泛、便捷的传播方式有利于处理好精英意识与通俗文化的关系，使艺术更加生活化、平民化、大众化，让大众都能理解艺术、享受艺术，在艺术活动中给大众提供更多交流、互动和对艺术评头论足的机会。公共空间就是打破个人私密空间隔阂，建立相互交流、相互影响空间的场所。交互艺术介入公共空间，让平时无法解除数字艺术的观众得以近距离地感受数字、代码、交互、网络和各种新媒体带来的全新审美体验。

交互艺术常常以公共空间为舞台、画布，让公众成为演员、画笔，创造出随机的且富有美感的交互艺术作品。如前文中提到的《身体影像》就是交互艺术以公共空间为舞台的一出“大戏”。还有如中央美术学院的王中教授，他组织设计师和艺术家为北京大兴国际机场创作了数个交互艺术作品，植入机场这一公共空间之中，从而彰显机场的人文价值。王中教授本人和靳海璇的交互艺术作品《舷窗》采用飞机舷窗的形象为主要设计元素，采用交互式触控显示器来与路过的游客交互。舷窗屏幕上有一些小图标，每个小图标记录着北京一个景点的影像，点击图标，建筑物就会变成实时影像出现在游客面前。[①]又如来

① 王中.艺术塑造人文机场：北京大兴国际机场公共艺术实践[J].美术研究，2020(3)：58-63.

自瑞士的室内艺术家卡丽娜·奥（Carina Ow）在2011年创作的交互艺术装置《白板》（*Plane White*）。该作品是基于康定斯基的著名画作《构图VIII》来创作的交互式体验，创作者将投影投在白板上，当观众通过动作的交互来重现康定斯基在白板上的图像时，用非传统的、多感官的方式来模糊观众与数字维度之间的界限。越来越多的艺术家开始将博物馆中的公共空间、城市广场的公共空间、机场和地铁站等公共空间作为自己的画布，将公众纳入创作的构思中来。

介入公共空间的交互艺术作品需要满足公共空间的位置拜访规定、作品尺寸大小、安全性考量和交互形式的设计。与传统博物馆相比较，公共空间的声、光、影的干扰更为复杂，公众和路人并不按照展线的规定来行走。如在广场和公园，来往的人群更多是自由地、漫无目的地行走。交互艺术介入公共空间后，排除杂音的干扰，积极地吸引公众的注意力成为这些交互艺术的共同特征之一。

其实，艺术介入公共空间一直在进行着。随着公共空间中大众媒介的不断介入，公共空间逐步被广告牌、电子屏幕、电子监视器等视觉媒介全面覆盖。数字媒介成了现代城市“空间制造”实践和战略的重要发展方向。[①]如今，像是城市这样的公共空间早已被琳琅满目的霓虹灯、电子屏等光、电、屏占据了。但是这些以商业、销售、传播为主要目的的艺术并没有很强的交互

① 汤筠冰.论城市公共空间视觉传播的表征与重构[J].现代传播（中国传媒大学学报），2020，42（10）：25-30.

性。在鲍德里亚（Jean Baudrillard）“消费主义”的驱使下，这些新媒体艺术进一步让“观众”单方面地接收消费主义的信息，强化商品、品牌的视觉效果。以电子大屏幕、新媒体装置、雕塑艺术等艺术作品和新媒介所制造出的种种视觉符号充斥着各个城市的公共空间。这既对社会公共领域进行着视觉建构，又对视觉领域进行着社会建构。城市公共空间中的视觉图像不仅仅起着装点环境、美化生活的作用，它还以视觉符号的表征体系在公共领域进行着视觉表意实践。其炫亮外表下隐藏着意识形态、权力关系和价值观。而真正能够改变这一趋势的只有通过交互艺术来促进公共空间中“观众”的反思，让介入公共空间的艺术真正起到实效，而不是为了“消费主义”和“权力关系”的“贪婪”服务。

2019年，美国艺术家珍妮·霍尔泽（Jenny Holzer）在纽约洛克菲勒大厦外墙上投下了她创作的艺术作品——《不眠》（*Vigil*），用光影和文字诉说枪支暴力带来的恐惧和毁灭。她用标语、诗歌、证词等形式诉说着一起起大规模枪击事件，在夜间的纽约市如纪念碑一样，发挥着政治运动所不具备的影响力，旨在恳求停止枪支暴力带来的屠杀。在美国，枪支的消费主义与人文的关怀形成了强烈的冲突，这种冲突体现在珍妮·霍尔泽的作品中，其利用了公共空间的传播性、公共性、庄严性，以纽约市地标性建筑洛克菲勒大厦的外立面为幕布，让洛克菲勒大厦成为城市的巨型纪念碑，且影响力远超一座真实的纪念碑。交互艺术、数字艺术介入公共空间后，在艺术家的创造和改变下，呈现出对人类、社会、情感的关怀和反思。正是在公共空间环境中，这种反思的效果才得到传播，得到公众的认识，引起公众的思考。另一个从人类关怀角度出发，介入公共空间的交互艺术作品来自安装在日本东京银座索尼大厦的索尼广场上的水晶音乐雕塑，它属于索尼公司每年慈善活动的一部分。整个音乐雕塑集合喷泉、水和圣诞树等元素，在优美的乐声伴奏下发出和谐美丽的灯光，与街道上的人们进行互动。摄像头与传感器相连，广场上有6个捐款箱，当有人朝里面丢硬币时，音乐雕塑便转化为另外一种闪烁模式，对当前捐款做出呼应。该作品成为银座街道上一道美丽的风景线。公共空间的交互艺术直接反映着现代社会中人与社会、人与自然和人与理想的新型关系，已逐渐成为建构当代城市多元公共文化和传播公共信息的重要方式。它在营造人性化的和平共享的公共空间的同时，传递着、述说着不同社群的文化理念或价值取向，以及对社会问题的批判和对理想境界的憧憬，从而形成具有综合效应的文化交流平台，这是其他媒介及传播方式所不能替代的。交互艺术成为不同文明、不同文化相互接触和交流的渠道，带来了文化间的相互融会与整合，对不同民族的文化结构以及世界的文化格局也带来了深刻的影响。

国际性城市的首要任务无疑是维护文化的多元性，使人类文明更加精彩纷呈。目前多元文化的交融方式呈现出较为明显的数字化景象。通过数字媒体交互艺术的创新应用与文化元素的结合，维护、继承、发展多元文化，营造多元文化竞相发展和相互交融的良好环境，进一步彰显国际化大都市海纳百川、兼容并蓄的文化精神。

除了关注人的情感与社会问题，交互艺术对自然的关注和保护也是介入公共空间的一大主题。2019年，德国著名艺术家萨拜因·霍尼格（Sabine Hornig）创作的作品《影子》（*Shadows*）安装在了澳大利亚悉尼地标建筑国际大厦的大堂中（图3-2）。他的作品使用悉尼本地植物的透明图像嵌在宏伟的入口和出口的玻璃上。作品插入狭窄的、活跃的公共空间中，吸引人们从城市中心前往悉尼港口前滨，创造了一个不同于现实的视角。通过将自然的有机形式叠加到摩天大楼的垂直结构上，并将图像叠加到空间中，它与新的场地形成了一个平行的世界。在他的作品中，图像空间覆盖了实际空间，使观者能够同时体验不同的时间、现实和视角。通过将永恒的自然形式叠加在高塔的玻璃幕墙上，霍尼格的艺术将新区域与古老的过去、自然奇观和独特的生态宝藏联系起来。这是一条穿过建筑的道路，强调了自然的

图3-2　萨拜因·霍尼格《影子》（2019）[①]

① 图片来源：https://at.ge/2020/01/02/sauketeso-instalacioebi/.

持久性和原始土地的弹性。以自然保护为主题的艺术作品介入公共空间中,更能激发起观众对环境保护的重视。因为,公共空间本身就是基于自然环境改造而成的人造空间,返璞归真,在人造空间中重现数字化的自然环境,一定意义上有着一种警醒的作用。观众在观看与交互的同时,反思人造空间对自然环境的破坏,反思只能通过虚拟的、模拟的、仿造的自然环境来体验、感知真实自然的可能,进而更加重视对自然环境的保护。

交互艺术介入公共空间,更有利于艺术作品表达广大观众的社会共识、道德常识、审美情感及公众社会所关注的普遍性、根本性问题,便于与公众形成对话、互动效应。公共空间艺术的核心理念是彰显和培育具有普遍价值意义的社会公众文化,倡导文明、健康的审美意识和公共精神,以使更多从事非艺术职业的大众有可能参与并享有艺术文化,同时通过公共文化领域的艺术实践去推动公众的社会理想及主人翁的观念意识。交互艺术将客观世界中的事物形象用特定的艺术形式加以表现,并为大众认同和接纳,使两者之间建立一种认识与交流的默契。这种默契在很大程度上已将人与自然、人与生活、人与社会融为一体,构成美好的共鸣乐章。

三　助推审美生活化

日常生活的审美呈现体现为生活的艺术化和艺术的生活化。艺术在传统美学中审美的非功利性说切断了美与生活的联系,然而当代消费文化的发展借助传媒的力量,使得艺术走下了神圣的殿堂,“飞入寻常百姓家”,成为人人可以享受把玩的事物。借用艺术来美化生活、装饰生活成为一种时尚，审美生活化所营造出来的温馨浪漫氛围正潜移默化地改变着人们的生活习惯和生活态度。

公共空间本身是简单而僵硬的，需要运用活跃的元素让它动起来，同时还要运用互动手段将空间和观众联系起来，使公众参与其中，让公共空间为大众享用，通过公众的参与和解读，将美传递给公众，从而转化为公众自身生活文化内容的一部分。交互艺术的多媒融合和实时交互的传播特征赋予公共空间艺术广泛参与体验的审美特征。照相技术、录影技术、电子技术、数字媒体技术在设计中的广泛应用，为公共艺术家们的创作提供了丰富的图像以及材料来源。视觉图像资源的范围得到空前拓展，在不同程度上改变了人"看"事物的方法和角度。交互艺术并不是传统艺术的"读图"或简单的"图文并茂"，其传播的信息结构是立体的，传播渠道是网络多元的。公众可以受到多感觉通道的冲击，不是被动地接受，而是主动地参与和体验审美经验。

交互艺术作品与传统艺术作品的一个重要区别在于，它体现了艺术与生活之间界限的消失，或者说"审美创造生活化，艺术就在生活中"。交互艺术的迅速发展已使日常生活中的人们眼花缭乱，审美不但已经变成了人们的日常生活方式，而且已经演变成为人们日常生活的意识形态。[①]德国哲学家韦尔施（Wolfgang Welsch）认为，西方社会正经历着一场深刻的审美化

① 徐放鸣.审美文化新视野[M].北京：中国社会科学出版社，2008：299.

过程，以至于当代社会的形式越来越像一件艺术品。“近来我们无疑在经历着一种美学的膨胀，它从个体的风格化、公共空间的设计与组织，扩展到理论领域。越来越多的现实因素正笼罩在审美之中，作为一个整体的现实逐渐被看成一种审美的建筑物。”[①] 审美泛化的美学变革是文化泛化大潮中的一排大浪，是美学自身对日常生活日益文化化的理论应变。调整视野后的新美学，以日常生活的审美化为立足点，为新时代的文化变迁提供了一个合理的说法与解释，并进一步提炼其中蕴藏的审美新经验，使之凝练成人类精神发展的内在动力，这也正是新的历史时期人文艺术与大众文化的理论契合点。[②]

2010年上海世博会展示中交互艺术展示大发异彩，夸张的视觉风格使虚拟仿真体验深入人心，多媒体融合和实时交互的传播特征赋予了公共空间艺术广泛参与体验的审美特征。多元文化交融发展，方式趋向于基于数字化高新技术新媒介和新的媒介传播方式向世人展示，如作为上海世博会英国馆（网上英国馆）公众系列活动的一部分，英国媒体艺术家汤姆·韦克斯勒（Tom Wexler）和基特·蒙克曼（Kit Monkman）与波兰声音艺术家彼得·布罗德里克（Peter Broderick）合作为公共空间创造的参与性艺术作品《欢聚》（*Congregation*，2010—2014）。艺术家通过打造光影芭蕾，助阵英国国家馆日，作品在上海外滩美术馆演出。《欢聚》是一个基于概念设计的体验装置，用光影与

---

① 韦尔施.重构美学［M］.陆扬，张岩冰，译.上海：上海译文出版社，2002：110.

② 傅守祥.审美化生存［M］.北京：中国传媒大学出版，2008：118-119.

音乐打造一出特别的艺术盛宴(图3-3)。现场的观众就是表演者,可以根据灯光与音乐的提示来参与,对灯光与音效的编排做出反应,自由地编排舞蹈,随意地展现和发挥。夜幕下,灯光与音乐打造出独特的梦幻世界。作品通过让公众身临其境地体验灯光装置来促进公众参与社会活动,并借此来打破社会壁垒。交互艺术融入市民的生活,搭建艺术展示交流的平台,让浓郁的艺术氛围熏陶市民,拓展市民参与文化艺术的公共空间,让城市充满各种文化作品和艺术元素,营造有意义的美学空间。丰富多彩的交互艺术作用于公共空间,成为城市生活审美化建设的一个重要内容。

图3-3　韦克斯勒、蒙克曼、布罗德里克《欢聚》(2010—2014)[①]

① 图片来自艺术家个人网站: http: //www.tomwexler.com/portfolio/congregation/.

西奥多·沃森(Theodore Watson)和埃米莉·戈贝尔(Emily Gobeille)利用openFrameworks数码技术，创造了一个互动生态艺术装置《时髦的森林》(*Funky Forest*)(图3-4)。《时髦的森林》首次展出于2007年荷兰阿姆斯特丹国际儿童电影节。在梦幻的森林里，孩子们用自己的身体来创造一棵树，再用瀑布中永远不会湿双手的水，去养活那棵树。树木的健康有利于森林和居住在这里的各种动物的整体健康。孩子们通过传感器装置与虚拟环境交互作用，获得视觉、听觉、触觉等多种感知，并能按照自己的意愿操纵或改变虚拟环境。它生成的环境非常逼真，人机交互友好，人处在这样一种具有动态、声像功能的三维空间环

图3-4　沃森、戈贝尔《时髦的森林》(2007)[①]

① 图片来源：https: //www.design-io.com/projects/funkyforest.

境中，如同“身临其境”。而且参观者能够进入该环境，直接观测和参与该环境中事物的变化及相互作用，一改人机之间的枯燥、生硬和被动的状态，让人们陶醉在令人流连忘返的体验环境之中。

交互艺术带来的审美生活化不仅仅是单方面对生活的美化，即通过视觉效果、听觉声效、交互手段创造公共空间中美轮美奂的艺术体验。诚然，交互艺术可以通过声、光、电来装扮本就经由人类规划、设计、改造过的公共空间。但是，交互艺术介入公共空间更为重要的意义在于，它将生活中不那么美好的时间和空间转化为有意义的、美的空间。美国建筑设计师、加利福尼亚大学建筑设计方向助理教授罗纳德·雷尔（Ronald Rael）就创作了一件十分简单、原始的交互艺术作品。虽然该作品不是一件数字化的艺术作品，但是其交互性丝毫不受影响，该作品介入的公共空间使得这件简单、原始的作品更具美感，更具人文意义。2019年，他的作品《跷跷板墙》（*Teeter-Totter Wall*）介入了位于美国和墨西哥边境的公共空间中。这件作品让美墨边境处的儿童在墨西哥警卫和美国边境巡逻特工的密切监视下玩横跨边境墙的粉红跷跷板，洋溢着转瞬即逝的欢乐气息。虽然该作品的交互仅仅持续了半个小时，但是它带给这些与父母分离的儿童的快乐却是无法衡量的。澳大利亚国家美术馆馆长尼克·米茨维奇（Nick Mitzevich）曾评价说，该作品将边境墙视作美墨关系和经济的支点，对此进行观念性的探索。近年来，建设这座实体屏障所耗费的人力成本所引发的争议愈演愈烈。父母被迫和孩子分离，许多寻求庇护的移民被拘留在条件极其恶劣的环境中。通过呈现这一玩耍的欢乐瞬间，艺术家力图展现的是两国政府的行动能对生活在边境两侧的人民的生活所造成的深刻影响。

毫无疑问，在美国、墨西哥边境隔离墙两旁的公共空间是令人望而生畏的，那里不像是纽约洛克菲勒大厦外立面那么壮观，也不如城市广场那么干净、整洁，也不具备地铁站、公交站、机场等公共空间的井然有序。在这样一种恶劣的人文环境中，交互艺术的介入带来了生活的乐趣、美感和体验，改造了原本充满危机、贫穷、分离伤感的空间特质。这些在边境处与父母分离的儿童得以在饥饿、孤单时，通过交互艺术的介入，重新找到生活的乐趣、生活之美，重新燃起对未来生活的希望和勇气。交互艺术助推审美生活化的重要作用和意义也正在于此。

交互艺术介入公共空间，助推审美生活化并不一定发生在实体的空间，还发生在虚拟网络的公共空间之中。现在随着虚拟空间积极地介入日常生活之中，虚拟公共空间的审美生活化也伴随着交互艺术的形式得到了提升。在网络空间发展的初期，交互形式还主要依靠文字输入和输出来呈现。随着图形化界面设计的发展，交互形式变得更加生动、灵活。例如，阿里巴巴公司的支付宝应用软件早已介入人们的日常生活之中，成为百姓日常生活中的虚拟钱包。伴随着交互艺术的积极介入，虚拟钱包的功能得到了优化并发展出如“蚂蚁森林”的游戏化交互功能。用户通过给自己和好友的虚拟树林收集水滴、浇水灌溉的交互行为来实现分数的累积与等级的提升。这种交互艺术的形式借助了游戏化（Gamification）的元素，将虚拟公共空间中的日常生活功能转化为游戏化的公益行为。还有如基于增强现实技术（Argument Reality，AR）的交互式导航软件。这种极简风格的交互形式主要是为了减少用户在虚拟空间与现实空间来回切换带来的不便，更好地将虚拟空间信息应用到现实空间中。如增强现实交互艺术的介入使得用户在公路这一公共空间中的运动更为安全、高效。交互艺术介入这种公共空间还需要通过人工智能和算法来为用户提供最为智能的选择，如选择目的地、变更行动路线、判断最短路径、绕开拥堵路段等等情况。交互艺术介入公共空间不仅提升了生活的审美，更为重要的是带来了生活的便利。交互艺术介入公共空间是审美生活化、生活实用化两者的融合，借助数字交互艺术的信息化特点，给现实公共空间中的人们提供了有力的帮助和支持。

数字荧屏的超大容量与可选择性，也激发公共空间交互艺术作品质量和数量的提升，这无疑成为公共艺术互动性和丰富的现场感受力的强大动力。随着交互技术的日益发展，交互艺术的呈现方式将越来越自然地融入现场的时空中。交互艺术越来越多介入公共空间，将表达更丰富的情感，使观众体会到更真实的临场效果。公共空间中的交互艺术是幻想的、多元的，更具活力、更加富有创造性。如何运用交互艺术创作手段来创造公共环境之美、公众生活之美、公众生活方式之美，在现阶段具有前瞻性、战略性意义。

第四章 代码艺术：渐入佳境的数字逻辑

随着科技的发展，人类进入数字化的信息时代，编程技能日益普及，用户队伍不断扩大，数字媒体的广泛应用给艺术带来了更为深远的影响。数字技术已经转变成为一种人与计算机之间的互动能力的表现。计算机硬件软件升级、数字艺术多元化、全息投影技术等各个领域的全方位发展和普及，使数字媒体艺术在信息时代中发挥了极为重要的作用。“艺术”和“技术”相互融合，在双方交互的过程中，形成了有关代码艺术和算法美学等观念，计算机软件开发逐步与艺术实践相结合。

计算机极大拓展了艺术家的想象空间，艺术的创作方式和表现手法也在不断创新。对某些艺术家来说，计算机仅仅是设计工具，其作用是使工作本身变得更为简单；对另一些艺术家来说，计算机是一种制作手段，可以用来创造传统意义上的想象性作品；还有一些艺术家使用计算机则是因为它拥有可与人类智力过程类比的能力，甚至可以说其自身就是拥有创造性的实体。其中一部分的艺术品是在一定的体系和规则下，基于艺术家设想的方式和结果来创作的。规则可以有很多种：或基于系统，或基于准则，或基于某种模式。编写代码的方式类似于艺术家的个人风格或者美学风格的标志。观众的参与改变了算法的值和参数，他们也成为艺术创作过程的一部分。纽约大学艺术学院菲利普·加兰特（Philip Galanter）教授解释："艺术家应用计算机程序，或一系列自然语言规则，或一个机器，或其他发明物，产生出一个具有一定自控性的过程，该过程的直接或间接结果是一个完整的艺术品。"①信息时代的艺术家或设计师通常会使用商业软件来从事创作，他们的创意和表现形式往往被企业所主导的制式化生产工具所限制。但是如果他们拥有撰写代码的能力，也可以为了实现自己的创意来编写特定程序，这样不但作品的内容是艺术，其手段、形式及创作过程也是一种艺术。

一　代码艺术应运而生

近十年来，代码作为一种艺术创作工具，被艺术界广泛关注。代码是记录计算机程序的符号，属于通信科技术语，其本身是抽象的符号。然而代码不仅仅是计算机技术，更是艺术家创造数码艺术作品的材料，熟练地运用它也能创造令人不可思议的艺术作品。基于代码的艺术是艺术家或者艺术家驱动他人基于这些系统的一种艺术创作方法。

（一）代码艺术的定义

艺术家通过代码的编写来创造声音或图像，实现代码与用户之间的互动，这是一种由计算机程序生成的演化艺术形式，即

① 转引自：谭亮.新媒体互动艺术：Processing的应用[M].广州：广东高等教育出版社，2013：29.

代码艺术。代码艺术是技术与艺术结合的产物，看似简单的代码与符号成为表达情感和观念的手段。代码艺术没有传统艺术形式所具有的物质存在性，但它能够给观众带来更多的未知体验和互动乐趣。它以一种让观众活跃参与的方式，超出传统的观看体验，将很多技术组合在一起，不只是创造了新的艺术形式，也创造了新的观众。这种交互介于观者与作品之间，也是观者和观者之间的交互。

代码艺术基于计算机语言发展而来，是当今计算机语言与艺术结合发展的一个重要方向。1952年，美国数学家本·拉波斯基（Ben F. Laposky）创作了名为《电子抽象》的黑白计算机图像作品，可以说是第一件"算"出来的艺术作品。数字艺术家迈克尔·诺尔（A. Michael Noll）从20世纪60年代就开始尝试用数值计算的方法创作抽象绘画作品，将计算机生成的图像与蒙德里安（Piet Cornelies Mondrian）的抽象绘画作品进行比较，试图说明计算机计算的方法在表现图形艺术上的优势。[①]代码艺术的运用虽然基于计算机，但在艺术创作中的地位却也举足轻重，它促使人们的审美意识发生了革命性的变化。在"数字媒体"这一概念尚未成形之前，代码已经作为"电子艺术"的一种独特的创作手段被艺术家所使用并创作出各种形式的艺术作品。代码艺术的发展完全紧随计算机技术的发展，所以数字艺术家的创作也经历了从使用计算机设计软件到开始运用程序代码创作的过程。

---

① 徐冉."算"出的平面艺术：浅析计算机编程在平面艺术创作中的应用[J].大众文艺，2015（21）：140.

奥地利电子艺术中心强调了代码艺术的重要性，并将其概括为规则、艺术、生活三个方面，把代码艺术推到了前所未有的新高度。从2003年奥地利林茨电子艺术节——“代码：我们时代的语言”（Code: The Language of Our Time）到2009年英国伦敦维多利亚与阿尔伯特博物馆（Victoria and Albert Museum）的“解码：数码设计感观体验”展（Decode: Digital Design Sensation），研讨活动的主题都是以“代码”（Code）为中心而展开的。例如，英国著名数字艺术家梅莫·阿克腾（Memo Akten）在“解码：数码设计感观体验”展中展出了互动装置作品《身体绘画》（*Body Paint*）（图4-1）。在该作品中，观众可以摆动自己

图4-1　梅莫·阿克腾《身体绘画》（2010）[①]

① 图片来源：http: //www.digiart21.org/art/body-paint.

的身体，然后在一幅虚拟的画布上作画。特制的软件程序可将人的姿态以及运动转化成涂鸦艺术的墨迹，呈现在观众面前。2010年10月，在中央美术学院美术馆开幕的“解码与编码——国际数字艺术展”上，展出了大量由计算机程序生成的作品，这是首次西方顶级代码艺术家的作品整体在中国展出。代码艺术逐渐被我国艺术界慢慢接受。代码成为艺术设计创作的手段和灵感来源，容许艺术家去探索数理法则的美感。这体现了艺术家对代码艺术的深入思考。

随着一系列开源软件及程序语言的开发，代码与艺术设计的结合越来越紧密。欧美许多学术机构对基于代码的艺术实践的研究已相当成熟，如麻省理工学院媒体实验室、伊利诺伊大学电子视觉化实验室、瑞典交互式设计中心、英国交互式艺术高级研究中心、德国科隆媒体艺术学院等。代码已成为国外院校的常规创作手段和教学内容，耶鲁大学设计学院、加利福尼亚大学媒体艺术专业、卡内基梅隆大学等院校都开设了代码艺术课程。如今代码艺术已经成为西方当代艺术领域中流行的艺术形式之一。

（二）代码艺术的诞生

面对上述的艺术创作趋势，我们必须以崭新的视角去探讨“代码”（工具）和“代码艺术”（艺术形式）以及“艺术设计”（应用）之间的关系。程序在一定程度上超越了人类的思维水平，从而往往能创造出任意、随机的新颖独特的图形。它使我们在被计算机一次次放大的人机互动的过程中，体会到无限变化的快感，获得更大程度的感官刺激。

20世纪80年代早期，数字艺术家和艺术史学者罗曼·凡罗斯科（Roman Verostko）就开始研究通过绘图仪打印的计算机算法进行艺术创作。1987年，他通过将毛笔固定到绘图仪上，创作了世界上第一件由软件驱动的“毛笔”绘画作品。凡罗斯科对人工智能绘画进行了深入的探索。在发表于*Lenardo*杂志的论文《外来的绘画：软件作为一个基因》中，他提出了自己的艺术公式：算法＋计算机＋画布＝艺术。他以自己的“软件艺术”为例，详细讨论了运用计算机编程进行绘画的过程。1994年，他发表了名为《算法和艺术家》的论文，并在1995年SIGGRAPH艺术展上公开宣读。凡罗斯科年轻时曾经体验了16年的孟加拉僧侣生活，因此，他对阴阳学说、东西方关系、混沌和次序、控制与反控制、天与地、男人与女人等哲学问题怀有浓厚的兴趣，他的作品也充满了中国画般的笔触和独特意境。虽然他的算法还颇为原始，但是已经透露出代码艺术创作的基本逻辑，为代码艺术的早期发展提供了思路。

2001年麻省理工学院的卡西·瑞斯（Casey Reas）和本·弗莱（Ben Fry）有了开发一种像画草图一样容易的编程软件的想法，开源程序Processing由此诞生。Processing是一种具有前瞻性的计算机语言，是代码艺术的一场革命。Processing主要面向计算机程序员和数字艺术家，它在数字艺术的环境下为艺术家介绍程序语言，同时也将数字艺术的概念介绍给程序设计师，使得艺术家不需要太高深的编程技术便可以创作出震撼的视觉表现及互动媒体作品，而程序员也可以通过编写代码来一探数字艺术的美妙。在Processing中可以运用算法公式编写代码，再由计算机按照算法公式随机“创作”出作品，算法在每次运算后生成的结果也不是完全一样的。Processing为代码艺术的创作提供了极大的便利，把代码艺术更直观地展现给大众，也促进了艺术家与程序员的相互理解。

通过对Processing艺术作品和案例的解析，我们能够更直观地理解、感知这种代码艺术的魅力。例如，伦敦的“okdeluxe”工作室为哥本哈根气候大会创作的Logo就是通过Processing完成的，其中生成的静态图形可运用于印刷等媒介，动态的Logo则用于在数字媒介上传播。该Logo充满了动感和随机感，形成了令人印象深刻的数字视觉美感。这种生成的艺术虽然看似没有任何规律可循，但是它的背后是Processing的代码和数据计算，是数学计算的结果，是逻辑归纳的结果，是算法规则和艺术规律的完美融合。

乔纳森·哈里斯（Jonathan Harris）是一位在数据视觉化领域的杰出代表，他的作品着眼于社会心理、环境保护等主题。他的艺术作品放在一个专门网站上，网址名为“我们觉得很好”（www.wefeelfine.org）。这件艺术作品就是运用Processing编写的项目。该网站通过个人博客、Myspace 以及社区网络系统来搜寻并收集含有“I feel”和“I am feeling”的句子，然后记录相关的上下文，包括出现在Flick上的图片。最后生成大量关于心情和情感的数据资料，圆点大小代表文字的长度，颜色的深浅代表心情的好坏。这些变化产生了既美丽又令人惊奇的样式。

由此可见，Processing是代码艺术的一种表现形式，它体现出了代码艺术的基本特征，融合了数据搜集、逻辑演示、信息可视化、可交互性等多重艺术效果，为观众们带来了有别于传统艺术的审美体验，包含了数学之美、逻辑之美、程序之美、计算之美。

二　代码艺术的独特魅力

尼葛洛庞帝认为："比特会毫不费力地相互混合，可以同时或分别被重复使用。声音、图像和数据的混合被称作'多媒体'（multimedia），这个名词听起来很复杂，但实际上，不过是指混合的比特（commingled bits）罢了。"[1]这些混合信息离开传播源之后，可以转换成各种不同的形式，并且以不同的形式被使用。人们可以将这些比特数据存档也可以删除，可以传送也可以收藏，一切都取决于用户的需要。更可以根据不同的使用目的，借助不同的软件程序使之形象化。而此前的媒体，无论是印刷媒体还是广播电视，从根本上都是单一媒体的组合，其符号与承载方式受制于固有材料的局限性，文字就是文字，声音就是声音，图像就是图像，其间壁垒森严而绝不可相互转换。它们通常都遵从结构上的捆绑原则，读者无法自由决定接收或拒绝媒介传播的内容。

代码艺术是一场深刻的变革。如果传统艺术家只将软件当成视觉工具而不理解其媒介特性，这无异于让比特数据沦为无用之物，代码艺术可以将这些数据重新启用，根据媒介特性创造

① 尼葛洛庞帝.数字化生存［M］.胡泳，范海燕，译.海口：海南出版社，1997：29.

出不同的艺术作品。因此，基于代码的艺术作品是科学与艺术的结晶，与传统的规则艺术具有显著的不同，具有自相似性、不规则性、随机性、函数性、无限精细性等明显的数理法则美感以及独特的视觉表现。

（一）自相似性

所谓的自相似性，指的是代码艺术作品视觉上呈现出来的一个物体的自我相似，即它和它本身的一部分完全或几乎相似，就好比一个曲线的每一块小部分都能体现出自我的相似。在自然界中有很多东西体现着自我相似的性质，比如常见的海岸线。自相似性在分形结构中也是可以看到的。最简单的分形结构就是“康托尔集”，它是将一条直线分成三等份，然后去掉中间的部分，利用剩下的两条线再进行同样的分解，就这样进行反复分解，以至大到无穷。[①]康托尔集中包含了许多不同比例的自相似样本。2 000多年前我国古代的哲学家庄子就曾经这样表示过：“一尺之棰，日取其半，万世不竭。”换句话说就是，我们可以在一根一尺长的木棍中间切掉一半，如此这样反复进行，就算切上一万代我们也不会将木棍切完的。庄子谈的是哲学，即有限与无限之间的关系。尽管这根木棍是有限的，但是它可以进行无限制的分解。如果我们集合庄子切下的所有木棍就能形成一个“分形集”，那么康托尔集留下的永远是三条线段的

① 屠曙光.论分形几何自相似性对设计形态的作用及意义[J].南京艺术学院学报（美术与设计版），2008（6）：99-103.

两个1/3；而庄子留下的则是木棍一半的一半。从设计形态的角度看，这种对空间形态的分解方法，可以将一个简单的形态变化为极其复杂的形态，但是它的实际定义却很简单明了。

自相似性在代码艺术的部分作品中是形成个别特征和整体效果的基本条件。如果说观众对于自相似性还是不太理解，可以参照一下现实生活中的事物。第29届奥运会主场馆之一的国家游泳中心"水立方"作为后现代象征主义建筑，该建筑的表面就是一个典型的分形结构。它的设计灵感来源就是生活中十分常见的蜂巢。这个建筑主要是六边形组成的分形系统，在视觉上具有十分强烈的自相似性。

在与之对应的代码艺术中我们也能发现类似的分形结构。例如，在Processing中有一个关于树的案例代码编程，案例展示的是通过鼠标X轴、Y轴的移动可以改变树的生长状态，展示代码树从小树成长为枝繁叶茂的大树的过程。通过代码的函数功能，根据自相似性的特点绘制出代码树。每一个枝丫都是最为基础的分形结构，让其自动分解、生长，小的枝丫就会构成一棵参天大树。同样的原理，利用代码自相似性的函数功能可以描绘出很多具有数学美的艺术画面。同时通过它与交互技术的结合，可以使体验者获得奇妙的用户体验。

（二）不规则性

不规则性主要体现在代码艺术的视觉表现上。通过代码函数的编写可以创作出规则或者不规则的视觉图形。一般而言，不规则的视觉元素与规则的视觉元素是相对的，因为在我们所熟悉的设计中，规则与不规则是一种相辅相成的关系。

代码艺术的不规则性主要体现在代码艺术作品的视觉形态上面。这种互补关系有着心理上的深层依据。尽管代码艺术跟传统艺术在创作手段上存在差别，但是这种相辅相成的关系在代码艺术的创作中也是有所体现的。通过对大量代码艺术相关的艺术作品进行研究，我们可以发现，规则的代码图形主要表达的是静止、秩序、稳定，但如果一味地追求规则，不免会让人感觉刻板甚至单调。而不规则的图形，给人一种生动、活泼的感觉，但如果追求极致的不规则视觉表现，则会给人一种杂乱无章的印象。“秩序感”是人类审美直觉活动中最基本的心理原则之一。如果图片或者图像太过于单调则不会吸引观众的注意，如果图像太过于杂乱则会使观众觉得茫然，无法抓住视觉的重心。因此代码艺术的创作需要在这种简单与复杂、规则与不规则之间建立起设计的审美要求。

对于解释代码艺术的规则与不规则特性，案例的解读可以帮助读者理解这种艺术形式的视觉特征。演算声音艺术作品《在宁静中失序》是由艺术家王连晟创作的交互作品。该作品也是基于开源软件Processing开发的。在这个音像交互作品中，王连晟建立了一个巨大的粒子系统，演出过程中通过即时给予元素粒子各种引力参数，来影响环境的物理运作状态。该作品的代码算法与数学运算紧密联系在一起。在整个作品的交互过程中，观赏者仿佛是在欣赏一场巨大的粒子舞蹈秀。王连晟以自己独创的演算法，将声音与影像紧密结合，处处可以感受到生命体的动态张力。作品调动了观众的各种感官，使观众仿佛进入了一个奇幻的世界。在该作品中声音对于作品中的元素存在直接影响，视觉效果上的图形在不规则的图形中不断变换着，观众的视觉感受也在不断改变着，在这个过程中不规则的元素牵引着不规则的图形，而整个交互装置的作品视觉也在不规则的图形中变化着。规则与不规则相辅相成，这才营造出音乐与图像的融合环境，让艺术作品更具美感，让数学运算得以展现在人们面前。

实际上，不规则的图形在代码艺术设计中还有许多其他的表现方式。例如，规则图形的不规则排列可以获得活泼的视觉效果；采用平移、旋转和缩放等手法的设计也不可能按照严格的规则图形来制作，因而打破了单一图形的局限性。各种形象的素材和字体等元素的随机排列已经形成一种重要的视觉文化现象，从代码艺术、广告、招贴到网页设计乃至图案设计，我们都可以看到不规则图形。或许这种文化现象才是我们这个信息过度膨胀的社会中人们心理状况的一种影射。

（三）随机性

随机性是偶然性的一种形式，具有某一概率的事件集合中各个事件所表现出来的不确定性。英国艺术史家贡布里希（E. H. Gombrich）说，审美快感来自对某种介于单调和复杂之间的图案的观赏，简单重复的图案难以吸引人的注意力，但过于杂乱的图形则会使我们的知觉产生疲劳而影响并终止对它的欣赏。代码艺术则能表现出数学动态平衡的有序的一面。代码艺术中的各个部分在变化过程中相互制约，体现出一种动态的平衡。在内部的秩序性之外，代码艺术的视觉图形具有很强的随机性，这和构成分形千变万化的程序算法类似。

20世纪60年代，艺术家开始尝试根据机器的自发性进行艺术创作。来自曼彻斯特大学的德斯蒙德·保罗·亨利（Desmond Paul Henry）用轰炸机上使用的“投弹瞄准器”制造了世界上第一个“自主”绘画的机器。投弹瞄准器通常装备在战斗机上，通过陀螺仪、电机、齿轮、望远镜，综合风向、距地面高度、航偏角、炸弹重量等复杂的数值，推算出准确的投弹点。与当时的计算机不同，“投弹瞄准器”并不能按照预先给出的程序运行，也无法储存信息。因此亨利每次都必须重新“教”机器如何画图。然后“绘画机器”就会拿起笔不断画出一条条线，这些精细的线条最后会组成复杂度惊人的艺术作品，展现了多重维度的曲线变化。同时因为该过程不可重现，亨利的“绘画机器”所绘制的作品具备独一无二的特性。亨利总共制作了三部“绘画机器”，也因为此，他被人视为数字艺术界的先锋。亨利的“绘画机器”具有很强的随机性，他并不能控制绘画机器的作画过程，每一次都不一样，这使得艺术的创作充满了未知的乐趣。

代码艺术也充分利用了随机性的特点，创造出千变万化的图案和艺术作品。以Processing绘制的随机图案为例，艺术家可以直接通过代码程序的编写在界面上呈现出艺术效果，该作品中的细线元素是由代码控制随机生成的。有趣的是，这种方式的本质是基于完全的理性和逻辑自动生成的，而最终所表现出的作品充满了随机性。通过代码艺术创作生成的点、线、面都有着一定的随机性，逻辑与函数决定了随机性的生成过程，在偶然之间，创作出令人赞叹、惊奇的艺术效果。这种随机性的艺术效果变得可遇而不可求，这也正是代码艺术的迷人之处。在历史上，无数的艺术家试图捕捉灵光一现的艺术灵感，这种随机性变得缥缈、虚无，对于观众和普通人来说更是无法触及。但是，代码艺术将这种随机性的灵感变得实际、可控，只需要掌握一定程度的数学知识、逻辑语言、代码编写，就可以让计算机自行创作随机出现的完美画面，将“灵光一现”变成数学上的概率，让计算机代替人类不断尝试，在数学的概率之中捕捉艺术的灵感和美。

随机性是代码艺术的一大特色，但是，这种特色需要依托一定的数学运算。这种运算的执行就需要借助代码艺术中的函数性特征。接下来，我们将会进入代码艺术的函数性特征，一探代码艺术的魅力。

（四）函数性

因为数学渗透到计算机的每一个部分，计算机艺术可以说是艺术史上最具数学意义的艺术形式。虽然历史上存在着承载数学内涵和功能的其他艺术形式，但计算机艺术与数学的联系是密不可分的。不可否认，数学与艺术的关系一直很紧密。在20世纪，欧普艺术、概念艺术和几何抽象艺术已经开始与数学融合。与不通过数学公式直接产生的欧普艺术作品不同，计算机艺术通过数学建模来实现，而不是基于复制和模仿人类的感知。

程序代码拥有数字化的生成和复制的特性，它有着被长期忽视的美学因素。由于其计算的本性，代码艺术能够利用纯粹0和1的差异性组合构造出现实世界中根本不存在的事物形象。艺术家郭锐文（Raven Kwok）2016年发布了为Karma Fields乐队制作的新MV——*Stick up*（图4-2）。他将这个用Processing完成的MV称为一部"歌词基于编码生成的视频"。郭锐文将歌词视觉化，伴随着跳转的节奏与歌手嘶哑的咆哮，歌词在循环往复的爆炸和收缩的形状与纠缠交织的线条间消失又出现。生成视觉图像的一部分系统在之前的作品《建造城市》（*Build the Cities*）中也使用过，郭锐文在网络上阐释，"歌词经过解析，使四叉树递归结构的每一层细分成为对应的图案"。在这个作品中，数字是视觉效果得以呈现的基础。歌词成为原材料，通过对

图4-2　郭锐文 *Stick up*（2016）[①]

① 图片来源：http: //www.artda.cn/xinmeitidangan-c-11087.html.

歌词的数字编码，歌词变成了有节奏的数字排列，再通过软件加工，数字排列成为视觉化的图像。这就是代码艺术函数性的基本过程。

代码艺术的函数性远不止在将数字排列、组合进行视觉化再现这么简单，函数性可以跨越时空的限制，创造出超越人类三维时空的艺术形式。例如，在“合成时代：媒体中国2008”国际新媒体艺术展上，网络艺术先驱伊托（etoy）小组展出了他们自2004年以来就在不断推进的项目《石棺》。该作品采用了四面LED墙的展示形式。人在其中席地而坐，信息方块及语音片段从四面不断传来，令人仿佛置身于一个数字化的世界。该作品涉及诸多有关存在的主题，诸如守恒与失忆、过去、现在和未来以及生存和死亡，并宣称是对信息技术数字时代的后生命崇拜。

数字保存的时间远超于各种物质的保存时间，木头会腐烂、石头会破裂、金属会腐蚀，数字却可以永存。作品通过函数将这些主题植入数字化的世界，无疑是一次大胆的挑战。通过运用数字媒体技术，使所选的“飞行员”在肉体死亡后仍能够在时空旅行中得以永生。在“奥秘胶囊”中存有飞行员综合信息的数字化肖像，肖像由多种元素组成，附加了诸如姓名、出生日期、家庭和法律关系等标准信息，还有遗嘱、合同等法律文件，更有深入“飞行员”生活的内容，如传记、消费模式、社会关系网图示等。作品的可视部分包括多种数字照片，记录了“飞行员”各个时期的生活照、亲朋好友的照片以及360°扫描的全息肖像等。这些信息中也包含音频，诸如本人的声音采样、亲友的声音、最喜欢的音乐等。如果“飞行员”本人希望的话，甚至还可以储存其骨灰。对于一直渴求长生不死的人类来说，这也许是一种让生命和记忆延续的很好的方式。

在如Processing等编程软件中，函数功能的调用更为便利，艺术家可以随时调用函数库中的函数功能来实现自己想要的效果。数字艺术家Hyper Glu在创作时就采用了用多种方法来组装的无缝模式的生成算法。他的作品通常都是用Processing创作的。以Hyper Glu的作品《碎片整理》（*Defrag Tiles*）为例，如作品名一样，该系列作品如瓷砖的无缝拼接，通过函数将单个的图形组合起来，通过函数的复制功能、组合功能、拼贴功能表现了函数性与重复之美。作为第一批通过创建定制软件创作实现自己审美观念的艺术家，Hyper Glu曾说过：“如果手工进行图像的创作，这种过程会出现两个重要的缺点。首先第一点是它比较乏味和缓慢，为了进行必要的比较，在开发一系列的图片的时候，我们必须作出许多类似的形同大小的技术与精度的比较；另外一个缺点就体现在我们修改一张图片的时候，我们只可以选择一个地方进行详细修改。由于时间是有限的，我只能考虑一些可能修改的地方。”[1]在代码艺术中，函数性是取代人类重复劳动的工具，让艺术家得以腾出更多时间来思考，让人类大脑的想象力来主导艺术创作，让计算机和代码的函数性来辅助人类的艺术创作，节约了大量的时间和重复劳动，使得艺术创作更为纯粹，更为便捷。

① 引自艺术家Hyper Glu个人网站：https://hyperglu.com/.

（五）无限精细性

代码艺术与分形艺术一样都具有无限精细的特性，具体指的是任意小尺度下依然有精细的结构。也就是说图像的细节不会随着图片的无限放大而越来越模糊，反而随着图像的放大细节部分越来越精细清晰。在代码艺术作品当中，无限精细主要体现在视觉呈现效果上面。通过代码程序的控制，可以使代码绘制和操控的元素进行无限尺寸的放大与缩小，元素的构图可以无限精细下去。

人类的眼睛本来就有着对精细图像的无限追求，我们总是试图去看得更清楚，追求更大的图像，更高的分辨率，更多的颜色。这种对精细化的无限追求正是代码艺术的特征之一。意大利女艺术家基娅拉（Chiara）运用Apophysis与Photoshop混合使用创作出来的作品就体现出精细性的特征。Apophysis虽然是一款开源的分形图像编辑软件，但是其背后还是通过代码技术来支撑的。它是由马克·汤森（Mark Townsend）开发的软件，将原有的scott draves的原始C代码转化为delphi代码，并且添加了一个图形用户界面。由此可以看到，代码可以与图形编辑软件混合使用，利用代码的优越创作条件以及无限精细的计算功能，可以帮助我们进行更富创意的代码艺术创作。作品的细节在代码的控制下会处理得非常清晰，与传统艺术中对细节的处理有着非常大的区别。

代码艺术的无限精细性是计算机对矢量图形计算的结果。代码艺术通过数字来创造图形，图形中线条的走势用数学公式来模拟，这使得代码艺术无须保存有像素的位图，而只用给艺术家和观众呈现出函数计算的矢量结果。矢量图形的一大特点就是可以无限放大，这对于艺术创作来说平添了许多的可能性。艺术家可以不用考虑计算机计算能力的限制，扩大了创作的空间，让画布变得无限大，也带来了矢量图形分割、组合、拼接的无限可能。

三　代码艺术的潜力和应用

代码艺术具有许多传统艺术所无法比拟的特征，它不仅在创作方式和表现手法上令人耳目一新，同时也给观者带来独特的审美体验。越来越多的艺术家和设计师开始涉足代码艺术。基于代码的艺术作品层出不穷，所涉及的应用领域也极为广泛，同时展现了代码艺术的无限可能性。

（一）信息可视化

信息可视化（information visualization）是一个跨学科领域，其目的在于研究大规模信息资源的视觉化呈现。运用图形图像方面的技术与方法，帮助观者理解和分析数据与信息，同时也赋予信息本身别样的美感。

经过十几年来的发展，信息可视化如今获得了一系列研究成果，也深入到我们的日常生活之中。然而由于信息可视化技术自身的多样性、复杂性及跨学科性，使得如何将已有的技术嵌入到具体的应用当中，成为长期以来困扰开发设计人员的一个难题。因此，一系列信息可视化框架及工具应运而生，如

Prefuse、Processing等。同时，Processing作为一个功能强大、使用方便、源代码开放的信息可视化开发工具，也大大提高了可视化设计的效率。

当数据以图片的形式呈现在人们面前的时候，人类就会显示出很强的理解能力。视觉语言是为了组成有意义的东西。我们人类的大脑是非常渴望将有意义的东西进行可视化处理的。相比之下，人们需要花费很多年的时间来培养发展阅读的能力。视觉理解的基本原理最初是由格式塔心理学在20世纪所发现的，现在认知心理学领域正在进行更深层次的研究。在视觉艺术的相关研究中，教育家鲁道夫·阿恩海姆（Rudolf Arnheim）还有教育先锋者威廉·普莱费尔（William Playfair）、约翰·图基（John Tukey）和雅克·伯廷（Jacques Bertin）等学者都为视觉艺术的理论探索做出了巨大的贡献。

在我们拥有的先前知识的基础上，结合数据可视化技术的使用，我们完全可以将复杂的、难懂的数据进行有效分析、再设计，最终处理成易于大家理解和认知的形式。在定量信息可视化显示中，爱德华·塔夫特（Edward R. Tufte）提供了将表格数据形式与散点图表达方式进行比较的方法，用来查看在以第二种格式进行显示的时候，数据模式是如何立即被人们忽略、消除的。在雅克·伯廷的著作《图形符号学：图、网络、地图》（*Semiology of Graphics: Diagrams, Networks, Maps*）里，伯廷提出了另一个更加明显的视觉表示强化信息传递的例子。他用了两张相同的地图来呈现相同的社会学数据。右侧图片中的圆是基于左边的数字进行绘制的，相同区域都是一一对应的。通过比较图片中左右两种表现方式，不难察觉到右边的圆点具有更强的表现力。在同一本书里面，伯廷还介绍了一系列的变量，这些变量可以用来区分视觉上的数据元素，例如大小、值、纹理、颜色、方向和形状。正如条形图通过每个条的高度来区分数据之间的差别一样，地图上通过使用不同的颜色来区分不同的列车路线。对于一个变量的可视化，每一个元素都可以单独使用；对于多变量的可视化，创作者可以使用组合的元素。当将视觉效果形式转化为数据的时候，总是会存在关于拟合优度的问题，这意味着数据的可视化程度需要不断校正。可视化的信息可能误导也可能启发我们。

正如塔夫特在《视觉说明：图像和质量、证据与叙述》中所警告的那样："存在着正确的数据显示和错误的数据显示，当然也有显示真相的显示和不显示真相的显示。"[1]塔夫特在法国地图中所表示的拟合优度揭示了数据中隐藏的信息。因为地图上的每一个数据都取自每一个州，所以将数据与地图上的位置进行关联，我们看到的区域实际上是模糊的。但是，如果我们将这些数据按照字母的顺序进行组织的话，则不会出现像这样的模糊状态。相同的可视化技术应用于不同的地图，比方说欧洲地图，产生的效果也会不一样。例如，《蜂拥而至的外交官》（*Flocking Diplomats*）是2008年的一张关于纽约市中心143 703辆汽车违停的一张可视化的作品，这幅可视化图片展示的是每

① Edward R. Tufte. Visual Explanations: Images and Quantities, Evidence and Narrative［M］. Cheshire, CT: Graphics Press, 1997: 45.

一个州从1998年到2005年之间违规停车的具体位置的可视化呈现，它不仅记录了当时的违规现象，也为整顿违规停车提供了有力的证据。大数据结合可视化可以为很多行业提供便捷的服务。

除了信息、数据可以被可视化，增强人类获取数据和信息的直观感受，语言、文字、文本也可以被数据化，揭示文本之下的隐藏信息。2009年，为了庆祝包豪斯大学成立90周年，魏玛包豪斯大学设立专项经费用于探讨包豪斯社会网络运动的展览。在这个项目里，所有包豪斯成员的履历详情以及他们的个人与其他成员的关系都被系统地构建并录入在线数据库中。在魏玛包豪斯大学，这项工作产生了令人印象深刻的成果。他们的作品以三维的形式呈现在一个4米×4米×4米明亮的立方体内。展会变成了一个使人身临其境的数字档案馆，具有丰富的历史细节并且高度结构化。包豪斯成员复杂的相互关系通过创新的图形界面设计，便于更多的人理解和寻找自己所需要的人和信息。计算机生成的数据库将所有复杂的网络关系直接提取出来，并以可视化、直观的形式呈现。

布拉德福德·佩利（Bradford Paley）的作品《文本曲线》（*TextArc*，2002）很好地展现了数据视觉化的跨学科混合风格（图4-3）。这个作品将《爱丽丝梦游仙境》和《哈姆雷特》的文本，以让人着迷的文本视觉化呈现，整个文本只在一个页面中显示出来。佩利跳出原著，把《爱丽丝梦游仙境》这个文本变成了一个互动作品。《文本曲线》将整页文本变成相互连接的词语组成的椭圆，并把它转换成空间结构，让文字的空间位置来显示它们各自的重要性，把它们包围起来的弧线则描摹出文字之间的

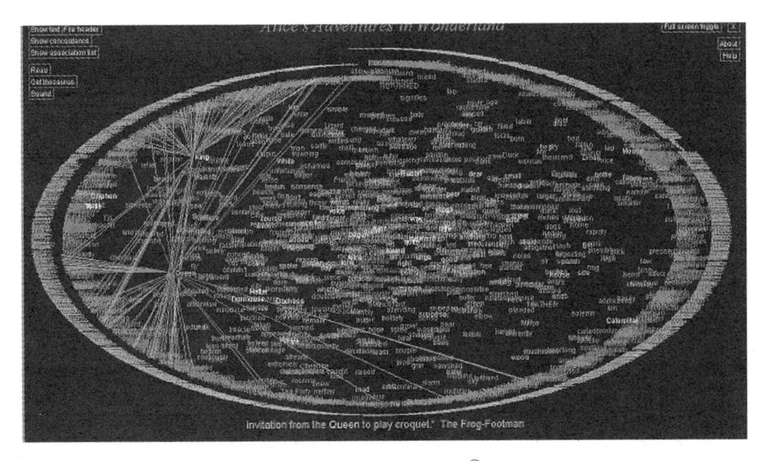

图 4-3　布拉德福德·佩利《文本曲线》(2002) ①

联系。高频出现的词语更加远离背景。观察者可以通过线的链接顺序试图阅读文本，同时它借助这种形式让观察者发现组成文本的词组间规律。信息和文本都可以被数据化，再转化为可视化的信息，传递给观众，这使得信息的传递更为生动、高效，不仅揭示了许多文字无法表达的信息，还带来了意想不到的美学效果。

同样的将文本进行可视化的还有如由戈兰·莱文(Golan Levin)、尼加姆(Kamal Nigam)和芬伯格(Jonathan Feinberg)创作的《甩就甩了》(*The Dumpster*, 2006)。该作品旨在描述美国青少年情侣浪漫生活片段，并通过在线交互性视觉化作品来呈现这些浪漫生活。这个作品最大的创新点在于它将庞大的案例库集合在一个可视化的图表里，善用图形分布和图形大小、颜

---

① 图片来源：https: //circa.cs.ualberta.ca/index.php/CIRCA: TextArc.

色等工具，创新了一种“多维度”的案例信息储存和查阅的方式，大大提高了效率（图4-4）。作品从2005年数以百万计博文中采集了2万个和分手相关的文本，对象是13—19岁的美国青少年。在能辨认出性别的人中，70%是女性，15%是男性。《甩就甩了》先对“分手”（broke up）、“甩了我”（dumped me）之类的关键词进行搜索，再运用具有学习功能的专业软件提取出其中与感情相关的文本（例如，将“岩石的破裂”与“关系的破裂”区分开来），然后运用语言分析软件分析这些文本的内容。这个作品不仅试图搞清作者的姓名与年龄，还力求弄明白分手的具体性质，比如：这段关系是否存在欺骗？是哪一方提出的分手？从情感上看，作者是愤怒、压抑或释然？双方还是朋友吗？这些分析成为制作交互性界面的重要根据。

作品的主画面由不断沉降下来的大小不一的泡泡组成，点击这些泡泡，就出现一段段文本（所截取的生活片段）。艺术家

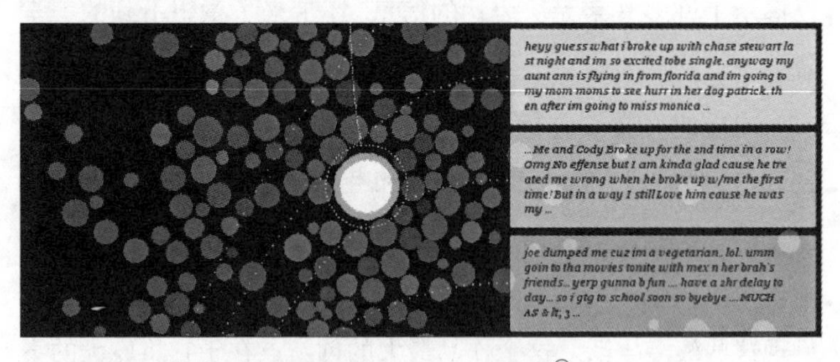

图 4-4　莱文、尼加姆、芬伯格《甩就甩了》（2006）①

---

① 图片来源：https: //whitney.org/exhibitions/the-dumpster.

试图以Java动画模拟浪漫爱情告吹的文本，两者表现出令人惊奇的相似性、独一无二的差异性，模拟出最终走向破裂的关系的基本模式，表现出对于浪漫又痛苦的爱情的同情以及对其隐私的窥探。每次在界面上以泡泡形式显示200个时常变化的文本。用户选中一段文本后，这段文本随之增大、变为黄色。程序以用语、身份、主题等方面的相似性为标准，显示数据库中其他文本与这段文本的相关性。这些文本数据成为集图形、颜色、动画于一体的可视化作品，将私人的情感体验转化为公众可以浏览的可视化艺术作品，反映出信息可视化的巨大潜力。

马诺维奇指出：一般说来，艺术作品是着眼于个人而非社会群体、阶层或机构来进行描述的。相比之下，莱文等人的作品可称为“社会数据浏览器”（social data browser）。它允许我们将私人经历的细节与规模庞大的群体联系起来，个体与群体同时呈现。这一作品既涉及现实事件，又涉及在线数据，同时还是用软件来表现，这也说明信息可视化所能涵盖的内容不止数字这么简单，它还能对文本信息、语言信息、情感信息进行捕捉和处理，将人与人的关系用可视化的形式展现出来。

（二）交互艺术

交互艺术是一门新兴的艺术，它随着科技进步和艺术观念更新而产生，属于数字艺术中新媒体艺术的一个新分支。无论在表现形式上，还是在与观众的交互中，交互艺术都给予了观众新的感受，在艺术鉴赏上也给予新的启迪。

交互艺术作品往往离不开传感器的应用。传感器通过各类感应器捕捉物体的运动或人的多种感知，让观众沉浸在装置的环境中，并与之发生情感性的互动。通常装置会配备灯光、音响、动态画面等形式模拟更加真实的情境。这种交互艺术具有多通道、多媒体、环境感受等特点，为观者带来沉浸式的体验。例如，“心脏图书馆”项目就是一个以交互艺术为主体的展览，被应用于医院和保健场所、博物馆和艺术画廊。它结合了交互式心率控制的视听与观众参与，创造一个独特的环境，人们可以在那里对和身心相关的体验进行反馈，探索和分享与实践。参与者被协调人邀请来探讨使用呼吸、情绪焦点或精神活动来影响天花板上安装的视频投影的颜色和声音，隐藏的摄像机则拍摄下方的参与者。参与者看到他们自己的身体就像浸在水中并浮在他们上方——像一种反向的身体体验。投影出的图像随着心率加快而变得更红，随着速率减慢变成蓝色。其他参观者可以通过围绕床的半透明屏幕观看参与者。参与者与视频交互之后，他们会被邀请以手绘的形式体验地图和以记录访谈的方式对作品作出反馈。这些身体地图是会话期间参与者身体意识的个体表达的可视化汇总展示。这些交互元素构成了“心脏图书馆”——对身体作为生活体验的反思，充满感情、动机、历史和想象力。

现在的交互艺术可以采集更为丰富的数据，如人类的动作数据等。2015年，由马泰尔·马蒂奥利（Matteo Mattioli）指导的全息代码交互作品《媒介》（*AUREA*）就是通过传感器与代码信息的换算来实现的。《媒介》采用的是两个屏幕的演示布局，把实时生成的代码编程内容投射在两块屏幕上面。该作品主要是依靠openFrameworks软件进行创作开发的，软件的后台程序可以立即分析声频流数据和两个传感器端传来的数据。其中一个传感器放置在表演者身体的后部，用来分析表演者的身体运动，另一个则放在表演者的手可以触碰到前方屏幕上，用以分析其手的运动路径。参数中的变量可以简化代码运行的公式，高效进行相关变量的换算，从而为设计师的操控提供了便捷的通道。

爱德华·坦南鲍姆（Edward Tannenbaum）作品《回忆4.5》（*Recollections 4.5*，2011）是一个多姿多彩、令人眼花缭乱的视频交互作品（图4-5）。该作品结合计算机技术、彩色摄像机、

图4-5　爱德华·坦南鲍姆《回忆4.5》（2011）[①]

① 图片来源：https: //et-arts.com/blog/.

大屏幕投影仪以及一个特殊的反光装置为游客创造了他们自身全尺寸的、延时的、明亮的图像。作品邀请参与者在一个大型视频投影屏幕前移动，参与者的移动行为被摄像机记录并传递到具有专业图像处理功能的计算机上。参与者的轮廓被提取出来，记录的瞬间计算机会随机分配一种颜色并投射到屏幕上。随着时间的变化，画面建立起运动的图像。程序中共有超过1 600万个调色板，随着参与者的移动，共有256种颜色可以同时显示在屏幕上。同时图像的颜色以"旋转""实时"的动画形式呈现。调色板和图像效果变化在一个预先编写的代码中，大约每五分钟重复一次，成为创作动态艺术的一部分。由于人们总是在做新的动作，所以影像永不重复，每一次交互呈现的效果都是独一无二的。坦南鲍姆创造了一个允许用户在美丽色彩中探索时间和动作的环境。

交互艺术广泛地应用了代码，一方面，代码可以控制摄像头等信息采集设备，对采集的图像、文本等信息进行编码和解码的处理；另一方面，代码可以将采集的信息进行可视化处理，如艺术家一般将"颜料"——数据——转化为可视化的交互艺术作品；同时，代码还决定了观众与哪些数据进行交互，决定了交互的形式和效果，为交互艺术的完美呈现奠定基本的逻辑框架。所以，代码艺术是交互艺术作品的重要组成部分，是决定交互艺术最终效果的核心元素。

（三）装置艺术

装置艺术是指艺术家在特定的时空环境里，将人类日常生活中的已消费或未消费过的物质文化实体，进行艺术性的有效选择、利用、改造、组合，赋予其新的意义与内涵，使其演绎出展示个体或群体丰富的精神文化意蕴的新艺术形态。装置艺术既包含了传统艺术的基本特征，也可以创新性地应用交互艺术、信息可视化等形式，其中，代码艺术就发挥了极其重要的作用。

以装置艺术家克里斯托夫·希尔德布朗德（Christoph Hildebrand）的创作为例，在过去的20多年中，希尔德布朗德的作品大量利用各种工业产品为材料，从水泥包裹的塑料饭盒到电子显示和霓虹灯管，通过实物和公共装置来建立新的通信结构，展现数字化世界和全球化时代的身份。从2000年开始，他致力于以复杂的数码动画灯光雕塑为主的艺术创作。希尔德布朗德的作品大多展示在公共空间。他的作品《信息旋涡》（图4-6）

图4-6　克里斯托夫·希尔德布朗德《信息旋涡》[①]

① 图片来源：https://www.uncubemagazine.com/blog/15708387.

由210块带有各种图标的LED嵌板组成，形成一个21米长、3米高的大屏幕，展示了全球社会、经济和科学的特征。《信息旋涡》混合了像素、文字和图标，运用LED技术将每块嵌板都像一个能展示不同文字的流动电子招牌，由此创造出一个不停对话并形成叙事的场景。装置艺术运用代码艺术可以创造出更为生动、交互的场景，在公共空间中创造除了观看以外的艺术欣赏模式，带来的艺术感受更为深刻。

在2010上海世博会中展现了大量装置艺术作品，如德国互动媒体设计公司ART+COM为2010年上海世博会生命阳光馆所做的作品——《动》(*Mobility*)。该作品采用代码创造镜面矩阵动感。ART+ COM用不失诗意的镜面矩阵装置诠释了运动的主题，100只假手排列成矩阵，围绕自己的纵轴扭转，由电机控制它们的升降。由代码控制的镜面反光能被计算机精确控制，镜子将持有照明灯的光束反射到房间对面的墙上，这里的光束点遵循推算演出法，首先沿椭圆路径无序滑动，最后聚拢到一起，形成了中国文字“动”。这件装置技术上和矩阵马达类似，在控制上更需要所有马达协同工作，才能将镜面的角度调整到一个合适的角度。代码艺术在整件装置艺术作品中扮演了重要的作用，控制着作品的运动方式和角度，直接关系到最后呈现出的艺术效果。

装置艺术作品《繁殖》(*Breed*, 1995—2007)也是由代码艺术来控制的。这其实是一个计算机程序，它能通过人工进化生长出非常精细的雕塑，从一个单细胞开始产生细胞分裂，在此基础上选择和变异，这种逐步发展都是通过代码实现的。该作品从设计到完成的整个流程都是自动化的，可以说是一件由计算机设计制造的工业品。计算机利用人工进化生成视觉图像，设计了遗传算法和进化程序。进化程序使人工制品能够自己“繁殖”，而不是借由人的双手去创造和设计。经过突变和选择的过程，每一代都更加适应所期望的标准。《繁殖》是用软件进行人工进化雕塑的例子。设计的算法基于两个不同的过程——细胞分裂和遗传进化。繁殖的基本原理是细胞分裂。从最初的一个细胞，到最终通过分裂生成一个多细胞的个体。形态规则决定细胞分裂的方式，并取决于细胞周围的环境。每个可能出现的情况都对应一个单独的规则。所以每个规则都被编入代码，犹如基因一般，整个作品在一整套代码构成的基因规则下生长。在这件作品中，代码艺术成为生物学中的基因编码，控制着作品生长的形式以及最终成形的效果。代码艺术为装置艺术带来了更多的可能性和实现方式，从生物学的角度为观众提供更具有反思性的艺术作品，促进人们研究、思考，也对其他学科的发展提供了模拟和灵感。

代码艺术在多个领域都有其应用价值。在现实生活中，基于代码的艺术主要涉及教育、商业方面。在教育方面主要是运用在教学上，通过程序代码的编写来创造具有独特视觉效果的艺术作品，这在课题研究以及教学上的价值比较大。以前，各种多媒体设计软件被认为是数字媒体的主要艺术表现形式，特别是Adobe的Phtoshop图像处理软件和Hyper Studio软件，学生们通常会在学校学习到。而专业艺术家则会使用先进的代码编写创建函数表达式。虽然计算机科学技术也是课程的一部分，但它的编程项目倾向于数学和科学内容，代码艺术并没有在学校里得到平衡的发展。艺术家更强调偏重图形的编程项目，这样就能在更丰富的媒体背景下编程，将重心放在艺术创作上，而不是单纯地与数字和符号交流。因为创造性地学习代码是数字媒体艺术创作中重要的一环。代码艺术不仅促进了传统意义上的艺术家和科技工作者彼此协作，而且使得那些被传统分工限制的新型艺术家大量涌现，迅速成长。如今，我们更多地听到"科学艺术家""新媒体艺术家"等词语，这正是因为代码艺术正在养育未来的发声者。

代码用技术极大地丰富艺术语言和表现形式。代码为艺术家提供了更天马行空的艺术创意，将艺术家的抽象的灵感和想法充分地表达出来，为艺术家搭建了一座连接构思与创作的桥梁。代码艺术特有的可操作性和可调控性，也会随着计算机科学技术的不断发展而有所提高，让艺术往更优秀的方向创新和发展，这是艺术领域的一次全新变革。计算机为我们的生活带来了不计其数的变化，如今，我们不妨以代码为笔，描绘出一个充满无限可能的艺术新世界。

第五章

生物艺术：设计一个新的生命

艺术在各种门类的专业化过程中，通过艺术门类的增加，让艺术家回到各自的专业背景下，成为该专业背景的艺术家。生物艺术是一种以生物组织、细菌、活体和生命进程为对象的艺术实践，艺术家借助生物组织培养技术、基因工程、克隆等技术在实验室、艺术家工作室或者画廊等场所创作艺术作品。神经科学的激进在于它不再将能指看作是约束世界的力量，决定能指的是细胞和有机生命内轴突和神经元的同时放电与释放。生物艺术正是利用了细胞和有机生命内轴突和神经元的放电特性，让生物的特性来绘制艺术之美。

从生物学、神经学的角度来看待艺术、创作艺术已经被艺术家所认识，并进行了相关的研究和探索。1972年，迈克尔·巴克桑德尔（Michael Baxandall）在其著作《十五世纪意大利的绘画与经验》中，就从神经学的角度陈述了著名的“时代之眼”概念，他指出，“神经纤维的视网膜如何接收来自物体的光线”，进而提出了这一概念，大脑必须依靠先天的禀赋以及后天经验获得的技能来破译它从视锥细胞收到的关于光线和颜色的原始数据。巴克桑德尔就是这样一位从神经学视角出发的艺术史学家，随着科学技术的发展和艺术创作媒介的更新，生物技术慢慢开始形成艺术创作的媒介，带来了全新的艺术审美体验。

生物技术作为一种媒介出现，在艺术领域是一种必然的趋势。20世纪90年代后期，艺术家对使用现代生物学的各种工具越来越感兴趣。虽然在科学和艺术的双重语境下，这种兴趣再现了艺术家在生命系统使用和操控上的突破，不过艺术和科学的合作并非是新现象。在同生命科学相联系的一些研究领域，艺术家和科学家的合作已经有很长一段历史。例如，在18世纪的时候，艺术家和生物学家经常协同工作，插图画家收集植物学和动物学标本，而艺术家和解剖学家分解尸体，试图更好地理解、阐释、再现躯体的内部和外部。近来，艺术家也利用新的可视化技术和工具，比如核磁共振成像、DNA凝胶、远程通信技术、虚拟现实等技术作为再现身体、身份以及现代肖像的手段。[①]现在，艺术家进实验室已成为寻常事。他们正在故意地借助再现和隐喻的程序，超越它们，以操控生命之本身。生物科技已经不再仅仅是一个话题了，而是一种工具，可以生产出泛着绿色荧光的动物、长着翅膀的猪，以及用生物反应器模制或者置于显微镜下的雕塑，同时运用DNA本身作为一种艺术媒介。

当代艺术的艺术语言、媒介表达形式都呈现出了极强的自由性、独特性和多元化。因此，这就要求艺术家在创作和观念探

① 祖尔，凯兹.生物艺术的伦理要求：杀死他者还是自我相食？[J].习俊春，译.新美术，2015，36（10）：31-47.

索时以更为科学理性的哲学思辨意识加以对待。对于以生物形态为媒介艺术作品的尝试和表达应该注意它其中涉及的跨学科性、生物艺术的视觉形态、基于人工生命的艺术创作和人工智能和生物艺术的融合。

一　生物艺术的跨学科性

生物艺术得益于多个学科的发展和帮助，让生物的意识和行为可以被艺术化，并让人们感知到。首先，通过电磁信号的发射和解读，人类可以因此理解不同生物的"语言"，通过电磁信号的转化和放大，许多生物可以用自己的行为来传达本不被人类察觉的微弱信号。其次，生物艺术的创作有赖数字媒体技术和艺术的发展，通过数字媒体技术和艺术的探索，生物艺术可以更为真实、具象、直观地表达出来，动画、视频、游戏、交互装置都可以模拟生物的动作和行为，让生物艺术更为逼真、生动。最后，计算机科学的发展和介入让生物和计算机、互联网直接转化为数字信号，这让生物艺术得以被数字归纳，形成的艺术概念和形式常常是人类平时无法接收到和理解的，计算机科学的介入让这些隐藏在表象之下的艺术得以呈现出来。

（一）电磁技术的转化

从20世纪90年代初期，美籍巴西裔艺术家爱德华多·卡茨（Eduardo Kac）就开始了数字生物艺术的创作。卡茨创作于1994年的作品《人类理解的对话实验》（*Essay Concerning Human Understanding*）通过互联网组织了一次金丝雀和植物的“对话”。相隔600英里（约965.6千米），植物与动物之间在电信信号的连接下，完成了一次跨越物种的交流，这是一次非人类意识认知的“对话”。植物叶片的微电波被转化为MIDI信号，其频率和持续时间实时地通过互联网传送到千里之外的鸟笼里，金丝雀在“听到”植物“呼唤”的同时，自己的叫声也被实时地传输到植物一端，并被植物叶片上的电极以微电波的形式“回应”给植物。直接循环于非人类有机生命体间的语言信息，在此似乎向我们预示了一种另类的信息交流的潜能。物种之间的界限因此而开始消失，关于生命和意识的概念将在更广泛的有机体世界中被重新定义。

卡茨的另一个生物远程信息处理作品的代表作是《心灵传输到未知状态》（*Teleporting an Unknown State*, 1996）。该作品将因特网作为生命支持系统给观众以全新的体验。该展在1996年的美国计算机协会图形学会议上首次展出。卡茨先将一粒种子植入到装置中，在展览开幕时，观众会看到一台投影仪从天花板上垂下来，一束光通过天花板上的一个小孔照射下来，正对着那一粒躺在土床上的种子。在世界各地，网络用户将自己的数码摄像头指向天空，将阳光传输到画廊。植物的生长过程通过互联网向全世界进行实况传播。卡茨对他的创作理念进行了如下解释：这是一个生物电信交互装置。换言之，它是一个基于计算机的电信设备，生物过程是其内在因素。作品通过互联网，收集全世界各地图片，然后将这些图片直接用投影仪投射到植物上，他创造出一套培育植物生命的系统。在全黑的展厅中，通过网络传送信息生成的光，植物种子必须依赖各地观看者的信息传送来生长。分散式社会群体的合作凝聚成生物体成长所需的养分。网络通过遥控分享，成为培育生物体的媒介。它和卡茨先前远程计算机交互作品一样，通过非符号学的电子媒体交流形式进行探索，不是为其作为视频图像的内容，而是为其作为光波的光学现象。该作品预示着一种“信息生命”的存在，更向我们预示了一种关于信息环境“生态平衡”的责任，就好像我们的行为时刻影响着自然环境中的生态平衡。在信息社会里，信息爆炸、信息泛滥的背景下，对于信息行为的审视与关注势必对社会生态产生重要的影响。远程通信构筑的互联网空间为生命提供了另一种存在的可能，无形的电子信号似乎已经成为生命体维持生存的养分，自然化的生命状态正在面临来自信息化的挑战。信息化的“生命体”将给我们带来一种从未有过的生命体验，延伸并扩展了我们对于生命的理解和认识。

（二）数字媒体的探索

同一时期，一些艺术家也在进行这方面的探索，如玛丽安娜·塞尔斯霍德（Marianne Selsjord）使用数字媒体去探索传统的生物形式和原始生物的涌现。卡尔·西姆斯（Karl Sims）的《梦之花园》（*The Gardens of Dreaming*）通过实施相关的算法实施复杂的研究，如遗传编程（Genetic Programming）、L-系统（L-Systems）、粒子系统（Particle Systems）、蜂拥行为（Swarming Behavior）。此外，在硬件方面，他还通过使用大规模并行计算机探讨相关问题的联结模式。

在生物艺术实施早期，艺术家仅仅关心生物形态的发生和改变，无法也无力维持、优化新的物种。随着人工合成技术的发展与成熟，生物艺术物种的品质、血缘与繁衍同样将成为生物艺术的一个重要成分。生物艺术的收藏、抚育与禁忌将作为专门课题，渗入我们的生活中，成为我们生活的重要组成部分。今天科学的生命合成或是艺术的生命合成，都是对生物多样性和种类优化的一个推进，而生物艺术则是让生命的形态变得更为自由多姿，生物工程基因合成的定制与配制，基因芯片的专业化和商业化使用，为生物艺术的实施创造了条件。①

澳大利亚人工智能艺术家克丽丝塔·佐梅雷尔和劳伦特·米尼奥诺创作互动式计算机艺术装置*A-Volve*。在这个装置系统中，观众可以通过触摸的方式在计算机显示器上画出一个二维图形，不一会儿，一个形如水母的三维生物便会畅游在一个装满水的玻璃池中。生物的形状、活动与行为完全由观众在显示器上画出的二维图形代表的基因密码所决定。生物一旦被创造出来，就开始在池中与其他以同样方式生成的虚拟生物共同生存、夺食、交配、成长。观众还可以触摸池中的生物，影响它们的活动，与池中的生物互动。此外，观众还可以通过因特网来“认领”或“收养”他们喜爱的水族生物。哥伦比亚艺术家圣地亚哥·奥尔蒂斯（Santiago Ortiz）设计的《美图动物园》（*Mitozoos*，2006）是具有交互性的人工生命模型。他让访客创造名为Mitozoos的虚拟有机体，然后观察它们在仿真生命宇宙

① 张平杰.生物艺术的道路：关于李山[J].艺术当代，2012(10)：16-21.

中的进化（从生长、繁殖到死亡）。这些艺术作品的形式主要以人工合成的生命雏形为主，以多元的样式呈现出各自独特的活力，由自然延展到人工，将这些新临界状态下合成的生命雏形作为新的自然对象来讨论。

（三）计算机科学的介入

《脑电站2号》是艺术家吴珏辉在2011年国际新媒体艺术展中与清华大学神经工程实验室共同合作的一件作品。观众头戴脑机接口（Brain Computer Interface，BCI），捕捉来自观众视觉皮层的脑波信号（brain wave），使得眼睛的睁开和闭合成为切换感知模式的开关。闭眼将点亮近在咫尺的灯泡，光的穿透力使我们可以感受它的存在，却无法清晰辨识，在我们关闭视觉感知的同时，我们将更全面地感受周围。感知模式的切换带领我们进入冥想状态。光似乎是来自你的内部世界，和自身形成一种共鸣。随着闭眼的持续，光将越来越亮，直到我们睁开眼睛，灯泡渐渐熄灭，同时我们也逐步回到现实。一旦观众参与这件艺术作品中，就会与作品浑然一体，成为完成这件作品必不可少的媒介元素之一。在这里，人类的大脑就转化成了生物形态的媒介元素。

从某种意义上说，在网络通信条件下，这些元素的相互交换可以归纳为生命的信息传递，身体和意识的统一，虚拟与现实的统一，生命体与生命体之间、生命体与外界环境之间的统一。数字碎片化和人类欲望的混合将共同营造新媒体艺术中的“现实”，在“现实”里，电子信号、网络通信将我们生活的一切元素紧密相连。甚至在未来,我们将可能生活在一个“虚拟”的网络中,将会以一种虚拟状态而非具体物体的方式存在。生物艺术在构建一个世界,一个以无形能量组成的“现实”。

二 生物艺术的视觉形态

生物艺术的视觉形态因其生物的变化而千变万化,其视觉形态也受到艺术形式的影响。一方面,生物艺术不同于传统的绘画、雕塑等静态的视觉形态,是动态的视觉形态,更像是音乐、电影、游戏等艺术的视觉形态。生物艺术大量应用生物的培育、诞生、生长、运动、衰变、死亡等特性,让动态化的过程展现在观众面前,这种过程充满了变化,也因此充满了美的享受,成就了生物艺术的视觉形态。另一方面,生物艺术的视觉形态有赖于材料学的发展,仿生的材料成为最直接的生物艺术的视觉形态,让观众可以看到、触摸到、感知到生物艺术之美。

(一)过程性的视觉形态

生物艺术或转基因艺术的作品大多来自生物和化学变化,不同领域的科学家和艺术家对这些作品纳入艺术领域有着不同的理解。此类艺术往往不符合视觉艺术或者观念艺术的形态,其状态也往往是过程性的而非艺术性。

生物艺术的视觉形式似乎与以往的艺术史没有太多的承接关系,它是生物科技与生物工程引导和制约的艺术创意,不是某一个流派与风格的延续与发展,也不是天马行空的自由畅想,它是一种新的生命样式,它是被改变了传统生物性状的新生物。作为艺术品，艺术家的方案与生物工程实施的结果会有差异，它具有某种偶发性，这也是它的迷人之处。但是有一点可以肯定，它必须是一种新的视觉形态。这一特殊的艺术类型是基于艺术实验室、科学、设计等领域延伸的艺术，这种现象符合来自科学家对这一融合所产生的激发观念的需要，同样也非常符合来自艺术家追求新奇艺术环境和特殊性的需要。作品凸显了来自科学、未知领域的知识，引发观念的产生，与人性相关联。

中国生物艺术家李山认为，艺术家在制作方案绘图时，对生物学和生物科技知识结构的了解是非常重要的一环。这体现在两个方面，一是可行性的概念方案，二是可行性的实施方案。它由此导出了一个全新的视觉艺术领域。李山的《南瓜计划》就是一个从外形到色彩都得以实现的有生命的作品，其形态的变异令艺术家感到惊喜。生物本身有其内在的逻辑性，它的合成是一整套复杂的系统，通常会超出艺术家的预期，呈现出奇异的面貌。从此种意义说，李山选择了一种独一无二的艺术表达形式和更加广阔的创作空间。与一般艺术创作者关心传统文化不同，李山完全跳脱出了艺术创作的范式、技巧等窠臼，摒弃了对社会经验的表达，而是站立于寰宇星空中，俯视世间万物的生存状态，表达内心深处对生命的悲悯与关怀。

（二）材料性的视觉形态

当被问及什么是生物艺术时，李山的回答是："将生命作为使用材料而构建生物本身是当下生物学研究的热点，是对生物基因遗传的干预和生物基因组的人工制造。艺术家根据转基因原理和基因制造原理，定制艺术方案，然后按照基因工程的运作方式，构建带有生物性状的艺术作品，这被称为生物艺术。”[①]李山以生物艺术为支点，将人类学、环境学、生命科学引入艺术创作的模式与范畴，给冰冷的生物科学技术以温润的人文关怀，并赋予其全新的艺术形式；同时开疆辟土从生命演进的动态视角出发，演绎了生物技术发展所导致的一系列问题。由于生物科技无限的发展可能，生物艺术这个全新的艺术派别也必将演化成一种新的美学观念。

美国圣弗朗西斯科的艺术家克拉丽·瑞思（Klari Reis）对血液与其他物质混合产生的化学反应十分感兴趣。她的创作灵感来源于20岁时在医院看病做血液测试的经历。她透过染料，在培养皿内创作了一系列色彩缤纷的作品，呈现出细胞的美妙世界。瑞思以科学的方式和工具进行绘画，在形式和内容上创新，其培养皿细胞型绘画作品因此获得广泛关注，被英国剑桥的微软研究所、美国斯坦福大学的医学中心以及中国上海的半岛酒店等世界各地的机构收藏和展出。她用打破常规的绘画手段，一幅幅画面各异、色彩缤纷的小型培养皿细胞型绘画汇集在一起，为我们呈现了一场另类的视觉盛宴。这些培养皿中的色彩大爆炸告诉我们：这个世界上还有许多超出我们物理视觉范围的精彩，这正是生命的奇妙、宽广和美丽之处（图5-1）。

---

① 李山.生物艺术：能够繁殖的样式［J］.当代艺术，2012（3）：106-107.

图 5-1　克拉丽·瑞思使用培养皿细胞创作的绘画作品（2017）①

三　人工生命的艺术创作

新的造物时代已经到来。科学家、艺术家纷纷充当了“创造者”的角色，艺术与其他学科碰撞出的火花相互交映，“跨界”已然不是什么新鲜的概念，艺术世界的版图也早已渗透各个领域。生物艺术的创作是艺术家动用各种生物技术、生物材料、模拟生物行为的创作过程，应用各种不同学科领域的技术，都是为了生物艺术的创作服务。这种创造策略主要有以下两种：第一，通过生物技术和材料，将生物艺术作为生物的一部分，是生物身体的延伸；第二，通过交互装置模拟生物的动作、行为、语

① 图片来源：https: //www.thecynthiacorbettgallery.com/artists/40-klari-reis/works/.

言，构建如同生物一般的艺术作品，甚至是创造一种全新的生物作为艺术的一部分。

（一）创作策略之身体的延伸

许多生物艺术作品都将生物的身体作为创作的画布。生物艺术的先驱澳大利亚科廷大学教授施特尔拉尔克（Stelarc）曾经是行为表演艺术的先驱，后期他的作品讨论的范畴逐渐扩展到人工智能和基于技术的对身体的延伸。施特尔拉尔克认为，人体的形态已经过时，因此想尽各种办法延展身体机能。20世纪90年代中期，其作品《第三只手》（*Third Hand*）通过网络和控制设备展现身体机能的条件反射与表现。2007年，他在自己的左前臂上成功培育了一只耳朵，并给它戴了一只蓝牙耳机，通过联网成为“行走的耳朵”，这就是他著名的作品《手臂上的耳朵》（*Ear on Arm*）。该作品成为讨论的焦点，艺术家将改造自己身体的行为艺术和来自科技的创作汇集到了一起。即便是处于一个极不寻常的部位，这只耳朵看上去仍旧十分真实。施特尔拉尔克花了整整十年的时间，才找到愿意为他做外科手术的医学团队。他说，这只耳朵现在是他手臂的一部分，它已植入其中并且拥有自己的血液供给了。（图5-2）尽管由于感染，这只耳朵终将被移除，外科医生还是为他进行了一系列手术来植入这只耳朵。后来施特尔拉尔克试图用一个新的无线装置替代原先的麦克风，用以支撑耳朵形状的假体支架，它的皮肤和组织则围绕其进行生长。麦克风随着耳朵支架一同植入，将它听到的音频传输至网络上，并被GPS追踪。施特尔拉尔克说：

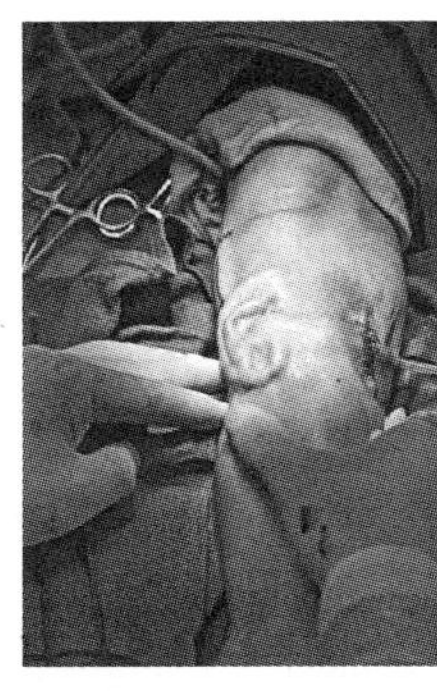

图 5-2　施特尔拉尔克《手臂上的耳朵》(2008) [①]

“这只耳朵不是为我而造，我已经有两只健康的耳朵了。它是一个远程音频设备，为远在其他地方的人所设计。无论你我在何方，都可以进行对话或者听一场演唱会。”“它不存在开关。如果我不在有Wi-Fi的地方或者关了家里的调制解调器，那么我很可能就‘下线’了，但这个想法本身是希望这只耳朵24小时永远在线。”

生物艺术的跨学科性带来了艺术生态的变动，表现为艺术创新的激励、艺术观念的扩展、艺术边界的模糊等。艺术家批评家张海涛认为，从某种程度而言，生物形态为媒介艺术作品呈现出了一种与生命本初的相反性，因为它反传统，打破了各生物体结构之间不可改造、组合的特殊性和完整性。生物形态因为媒介本身所具有的“生命”特质，使其成为一种全新的艺术创作方式和理念，它将艺术和科学之间的关系立体化，同时打破了人们欣赏艺术的惯有性思维方式。用这样的媒介进行艺术创作，无

① 图片来源：http: //stelarc.org/?catID=20242.

疑能更直接地反映和揭示当代人类社会的真实性与人类对生命的新认识，这更激起我们对未来“生命、生态”的重视和对传统意识的反思，让人们从艺术的角度看到一个新的造物时代的到来。

（二）创作策略之交互装置的模拟

巴西籍艺术家古托·诺布莱嘉（Guto Nobrega）的作品《呼吸》（*Breathing*，2013）采用植物、有机玻璃体、LED灯等作为艺术媒介创作了一款交互艺术装置（图5-3）。艺术家将其描述为“一个生命体和人工系统的杂交体”。[①]它是一种由植物和人工系统合成的新的生命形式，是人体能量与植物能量的互相交换，观众可以对着植物的叶子进行呼气、吸气，隐藏在作品中的传感器感应到人体的气流并将这些气流用光纤管的收缩表现出来。作品本身并不具有我们人类的生命特征，但是

图5-3　古托·诺布莱嘉《呼吸》（2011）[②]

① 引自网页：https: //cargocollective.com/gutonobrega/Breathing.

② 图片来源：https: //cargocollective.com/gutonobrega/Breathing.

在艺术家精心巧妙的设计下，却有了基本的感知功能。通过传感器的转换，观众可以直观地看到自己的力量对作品中植物的影响，就好像植物根据我们人类的举动做出反应一样。这样的人工生命作品能促进人的深入思考，对生命本体在这样一个数字时代中的生存境遇展开思辨。科学技术的日渐先进，基于生物工程和计算机科技的创作愈发大胆，实现度也达到一个新的突破点。同时，人类进入一个新的时代，对以往的载体——自然进行人工改造和征服的时代，人类也逐渐在改变人与自然的关系本质和生存方式。

艺术从来没有像现在这般发展到无所不在的地步，这需要艺术政策和管理上打开思路，机制上创造性地改变艺术的定义。生物技术产业和艺术之间的区别在于，前者是以科研资金投资和经济回报来评估的，而后者是以非营利的创造力来评估的。科学家可以像艺术家一样获得艺术基金会资助，从商业结构中摆脱出来。这个时候科学家的实验室就是艺术家的工作室。当代艺术中有了生物艺术以后，艺术家对活体作品有了新的思考，对活体生命有了新的理解，这使得生物艺术成为交叉学科和艺术家的实验地带。

四 人工智能和生物艺术的融合

以科技智能为主的未来艺术发展趋势已不可逆转，非生物强智能艺术将重新定义艺术的含义、架构和创新哲理，技术智能是一种自然物种，同样将秉承生物世界的集体意识和审美积淀。人工智能既可以模仿生物的意识和行为，还可以超越生物的基本行为，创作出更为精妙的艺术作品。在当下这个时代中，技术与艺术已然不可割裂，人工智能与生物艺术的融合正是符合这一发展潮流的趋势。

（一）生物艺术材料的仿生

人工智能模仿生物行为的过程就是一种艺术创作的过程。2011年，艺术家多瑞斯·桑（Doris Sung）创作了作品《盛开》（*Bloom*），该作品是非生物材料中植物学行为的仿生智能交互架构装置，外形上像一个20英尺（约6米）高的露天亭子，其闪闪发光的双金属带——复合皮肤设计成随温度变化而变形（图5-4）。此装置的14 000片双层热金属片中，每片都具有不同的膨胀率层，它们被压在一起。当温度升高时，金属片卷曲；当它变冷时，板材变平。谭立勤教授认为，虽然双金属转换是基于与生物学无关的物理效应，但是这种现象类似于植物对太阳能的反应行为。[①]《盛开》利用的是金属的物理特

图5-4　多瑞斯·桑《盛开》（2011）[②]

① 谭立勤.奇点：颠覆性的生物艺术[M].广州：广州人民出版社，2019：146.

② 图片来源：https://www.dosu-arch.com/bloom.

性，模仿了植物盛开、闭合的行为，呼吸着空气，享受着阳光，技术与艺术的融合让低智能植物的行为看起来如同有了生命一般。

（二）生物艺术行为的模仿

除了在材料上模拟生物的行为，人工智能与生物艺术还有着更为广阔的融合空间。依靠人工智能，艺术家甚至可以创造出一种新的生物作为艺术作品。伦敦建筑协会建筑学院的西奥多·斯派罗普洛斯博士（Theodore Spyropoulos）致力于探索和开发自主移动系统——自我意识、自我移动、自我组装和自我构建元素的生态交互模型。自我构建模式是高智能级别的组织，它们原则上为集体智慧行动，相互制约和协调，但同时，每一个单元又可拥有自我的构建空间的能力。例如，“超细胞”（HyperCell）是一种动态式的架构系统，可以通过自我意识、移动性、软件和可重新配置来适应协调变化。超细胞由活塞支撑的刚性板的弹性皮肤组成，该活塞将其从稳定的立方体形状重塑成移动的滚动球体。内部平衡器使球体运动，其磁体允许单元部件爬升并彼此连接。这个系统通过每个细胞部件对其周围环境的适应来协调细胞群体的变化。每个细胞部件可做出自我决策，具有攀爬、滚动和改变其他形体的能力，并能自我创建空间结构，根据其细胞部件数量而不断变化。其中多个细胞能够在没有预定义指令的情况下聚集在一起并产生结构，开发了自组装的计算和物理策略，证明了单细胞部件以及集体组织的能力。

（三）人工智能与生物的链接

如果说利用人工智能创造如“超细胞”这种具有自我行动能力的生物还略显保守的话，将人工智能和芯片植入人类大脑则体现出生物艺术的开拓创新之处。脑机接口（Brain Computer Interface，BCI）是近几年新兴起来的一种新颖的人机交互模式，它的潜力巨大，对未来生物艺术的发展有着极其重要的影响。脑机接口不依赖人类大脑的常规输出通路，即外围神经系统和肌肉组织通信，一般具备信号采集、信号分析、控制器三个功能模块。

信号采集：受试者头部戴上一个电极帽，采集EEG信号，并传送给放大器，信号一般需要放大10 000倍左右，经过预处理，包括信号的滤波和A/D转换，最后转化为数字信号存储于计算机中。信号分析：利用ICA、PCA、FFT、小波分析等方法，从经过预处理的EEG信号中提取与受试者意图相关的特定特征量；特征量提取后给分类器进行分类，分类器的输出即作为控制器的输入。控制器：将已经分类的信号转化为实际的动作，如在显示器上移动光标、机械手运动、输入字母、控制轮椅、开关电视等相关动作。

在初始阶段，脑机接口的设备需要开颅来植入电磁芯片，让芯片与大脑皮层相连接，再通过有线电路链接外部的电池和信号发射器，这带来了巨大的风险。2016年，特斯拉公司的创始人埃隆·马斯克（Elon Musk）创建了专注于脑机接口开发的“神经链接公司”（Neuralink Corporation）。2020年8月，他宣布了该公司的最新研究成果——Link V0.9。他将这块硬币大小的芯片链接到一头猪的大脑上，让植入的芯片与外部设备进行无线链接，这降低了有线链接带来的风险。这款脑机接口的芯片可以通过小猪的行动记录它的大脑神经反应，在人工智能的帮助下，计算出大脑神经反应与行为之间的联系，从而实现从信号采集到分类输出再到控制器的原理过程。根据神经链接公司发布的信息，未来的脑机接口芯片可以实现大脑皮层的视觉功能，辅助人们处理由眼睛接收的视觉信息，马斯克将其称为“视觉皮层”（Visual Cortex）；它还可以辅助接收并解读大脑皮层处理的声音信息，也就是芯片的“音频皮层”（Auditory Cortex）；同时，芯片还能帮助人类处理肢体的触觉和感觉来模拟大脑皮层的“躯体皮层”（Somatosensory Cortex）；最后，芯片还能够作为人类大脑的“运动皮层”（Motor Cortex），负责对人类的运动作出预测和执行。

由于脑机接口可以让用户不通过操作杆或键盘、鼠标等外界设备来实现人与计算机的交互，直接通过人的大脑思维来实现行为的控制，在人工智能的辅助下，让生物——人来实现艺术的创作是生物艺术未来的发展趋势之一。

人工智能正在飞速地发展，分别在棋类运动、电子竞技、物流工业等方向击败了人类的顶尖选手，作为生物之一的人类已经无法在计算层面与人工智能竞争。人工智能正在进一步取代生物的功能，这也引起了人类对自身未来的担忧，人工智能是否会接管人类社会，取代人类的工作和功能，不少影视作品都表达出类似的担忧。如若将人工智能与生物艺术相结合，像是脑机接口等技术将会实现人工智能对人类的辅助，人类大脑的计算能力、感知能力、存储能力都将会得到进一步的提升，艺术创作的创新能力、创作材料、思考方式都将会因此而改变，这将会驱动生物艺术走向更为丰富的未来。

苏迪认为："艺术本来就是尝试性和探索性的，艺术家的主要职责，就是提出问题，让社会去思考。创造生物艺术的目的，并不局限于自身的内容，它是为了发展未来艺术，它是对待艺术的一种全新态度。因此，应该以积极姿态去迎接它的诞生。"[①]卡茨说："我有一个宏大的想法，那就是完全地、彻底地设计一种生物，没错，我的计划就是设计一个新生命。我将设计它的每一个行为和每一个表情，并将它们整合到基因和原细胞之中，然后这种人工合成的基因将被复制、培育成有生命的个体。由于目前的技术限制，这个梦想可能要到遥远的未来才能实现，但是利用基因技术彻底构建一个生命，将是生物艺术最让人兴奋的前景。"[②]

生物艺术更多地挑战了人们的伦理底线、视觉经验、文化规范，它同时也关注着地球生物圈的共生大同与和谐相处[③]。艺术创作使用的技术以何为限，这个问题在未来也将不断被讨论。艺术不仅仅是一种观念或视觉样式，艺术同时也在创造生命。生物艺术把对艺术的关注点扩展到存在与生命本身。在未来的日子里，生物艺术将取得越来越重要的地位，并被更多人知道。生物艺术正在为人们打开一扇眺望未来世界的艺术大门。

---

① 苏迪.以"艺术"的名义创作生物[N].东方早报，2012-03-12(5).

② 爱德华多·卡茨个人网站：http://www.ekac.org/index.html.

③ 张平杰.生物艺术的道路：关于李山[J].艺术当代，2012(10)：16-21.

“天涯若比邻”：网络与通信艺术

从信件到电报，再到越洋电话和随时都能拨打的微信电话，随着网络和通信技术的发展，地球变成了平面的世界，人们得以随时随地沟通、传递信息、分享感受。如此，“天涯若比邻”的技术催生了一系列艺术作品——网络与通信艺术，这是人类通信技术发展的结晶，是万维网发展的结果，让地球两端互不相识的人们通过这种艺术形式联结在一起，共同创造人类的艺术作品。

一　网络与通信艺术的应运而生

在人类诞生之前，自然界就存在着生物体信息交换的现象。远程通信作为实践出现于20世纪40年代，作为概念和范畴出现于20世纪70年代，作为理念被广泛接受是20世纪80年代以后的事。从科学技术的发展来看，信息交换的发展是计算机远程应用的必经阶段，是网络互联的必然趋势。

（一）远程通信的技术发展

1978年，诺拉（Simon Nora）与明茨（Alain Mine）创造

Telematic一词，这个词指的是电信和计算机随着时间增长的相互联系。同年，他们向当时的法国总统提交了一份“社会计算机化”报告，该报告指出：“计算机和电信之间日益增长的关系，我们称之为远程，这将开辟人类新的视野。”[①]Telematic一词通常译为远程通信或远程信息处理。它最初涉及的主要是计算机系统与电信网络的关系。严格来讲，“远程通信”是指双方之间的积极沟通，是一种主动的行为，与主动一方（人）控制被动一方（机器人）的“遥在”（telepresence）是不同的。正如日本学者小林宏治所指出的，由于数字技术的发展，计算机和通信这两个行业相互融合，通信技术是用来消除人类在距离和时间控制上的信息传输限制，而计算机技术则是在数量、时间和智力上消除信息生成、处理和记忆能力的界限。这两种技术完全结合后的C&C技术（Computer and Communication），将在人类生活中发挥巨大的作用。[②]

1937年，美国电话电报公司贝尔实验室的乔治·斯蒂比兹（George Stibitz）率先用继电器造出电磁式数学计算机模型。1940年9月，美国数学年会在新罕布什尔州达特默斯召开期间，斯蒂比兹利用电传打字机通过电话线远程控制安装在纽约的Model-1计算机，进行了复数计算。这被认为是计算机与通信技术结合的开始。数字电子计算机问世之后，要想实现主机与

① Simon Nora, Alain Mine. The Computerization of Society［M］. MIT Press, 1980: 4-5.

② 小林宏治.计算机与通讯［M］.段铠，译.昆明：云南科技出版社，1989：42.

终端远程通信，最方便的或许是利用电话网络。不过，电话网络是以模拟技术为基础发展起来的，因此，利用电话线路建设计算机系统首先必须解决数字信号与模拟信号的相互转换问题。1958年1月，美国电话电报公司推出了调制解调器，当时名为"数据电话"（Dataphone）。它创造了在传统电话线路上高速传输数据的条件。1961年，美国麻省理工学院副教授科尔巴托（Fernando Corbato）领导开发出了第一个分时系统CTSS。1965年，美国通用电气公司正式评估并使用了计算机分时服务。为了达到在远程连接的状态，这类系统中主机与终端之间的通信主要依靠电话线路。此后，由分时服务发展出可视数据检索系统，该系统由计算机、电视机、电话机和调制解调器等设备组成，用户通过电信线路向中央计算机或数据库索取信息。1965年，罗伯茨等人通过低速拨号电话线路将位于马萨诸塞州的一台计算机连接到另一台位于加利福尼亚州的计算机上，由此创造了第一个广域网。1973年，鲍勃·梅特卡夫（Bob Metcalf）成功组建局域网，并命名为"以太网"。此后，计算机由局域网、城域网向广域网扩展，其主干线路渐渐全面采用光纤，电话线路不再是主机与主机之间联系的主渠道，仅仅作为可供选择的接入方式之一。

（二）远程通信与艺术的萍水相逢

艺术总是依托于一定的媒介而传播，在现代化的进程中，它与远程通信结下了不解之缘。远程通信与艺术的萍水相逢，不能不提到两个关键性人物。一个是网络艺术先驱英国艺术家罗伊·阿斯科特。早在1966年，他就预见到计算机和电信的结合将给艺术家的交流带来极大的方便。在1980年的时候，他创作了作品《终端艺术》（*Terminal Art*），这件作品也是他的第一件远程通信作品。阿斯科特与在纽约、加利福尼亚州、威尔士的艺术家通过便携式终端来完成对作品的传播工作。他们之间的交流是通过The Informedia Note Pad计算机会议系统进行的。1983年，阿斯科特发表论文《艺术与远程通信艺术：网络意识的形成》，并在论文中第一次系统地阐述了远程通信艺术（Telematic Art）。[①]1979年以来，阿斯科特作为一个勇敢的探索者，利用电信技术进行各种艺术尝试。他既连接了传统的电话、传真，又连接了计算机中的电子公告板（BBS）。另一个重要人物是比尔·巴特利特（Bill Bartlett）。1978年，他在首次组织的Sat-Tel-Comp会议上，展现了艺术远程交流的理念。他在美国、加拿大之间进行为期6周的无线通信活动，以及通过国际时间共享的编程网络同多伦多和维多利亚的同行进行在线交流。1979年，在多伦多召开的"计算机文化"（Computer Culture）会议邀请巴特利特组织的"交互的玩"（Interplay）项目，这被认为是第一个具有实况广播与远程通信功能的项目。巴特利特提供了免费的账户和技术支持，来自全球数十个城市的艺术家在IPSA办公室参与在线会议。之后几年，阿斯科特的学生英国艺术家保罗·瑟蒙陆续创作了《该想想老百姓了》（*Think about the People Now*, 1991）、《远程通信梦想》（*Telematic Dreaming*,

① 参见艺术家保罗·瑟蒙个人网站：http: //www.paulsermon.org/sermon/.

1992）、《远程通信视野》（*Telematic Vision*，1993）、《远程通信相遇》（*Telematic Encounter*，1996）、《翻转的桌子》（*The Tables Turned*，1997）等作品。这一领域还有其他热心人，如1992年组织了“虚拟广场”（Piazza Virtuale）活动的艺术群体——凡·高电视（Van Gogh TV），1995年理查德·克里斯切（Richard Kriesche）创作了《远程通信雕塑4号》。2001年，沃克艺术中心邀请史蒂夫·迪茨（Steve Dietz）策划了“远程信息联系：虚拟拥抱”（Telematic Connections: The Virtual Embrace）等展览。他们组织这些艺术活动的目的也是希望让传统的观众与作品互动并将他们变成作品的一部分。观众将自己从“什么是好的艺术”的问题中剥离出来，而将注意力集中在触及人类灵魂、相互吸引的体验上，艺术家们所做的实验扩展了远程通信的外延。

二 网络与通信艺术的锦上添花

艺术通常被认为以追求真、善、美为宗旨。艺术之真是“不似之似”，源于现实，但不等于现实；艺术之善是寓教于乐，将道德感与愉悦感结合起来；艺术的美是“出新意于法度之中，寄妙理于豪放之外”，虽然有点出乎意料，但却很合乎情理。在互联网艺术领域，我们可以看到上述追求的光辉。与传统艺术相比，网络与通信艺术的创新之处在于：它将网络生活当成艺术体验的新来源、艺术描写的新依据，在全球远程互动中增进人们之间的相互理解与关爱，致力于展现数据流变、软件功能及媒体超越之美。

（一）互动形式的别出心裁

互动的本质是行为的合规范性，是有助于增进人类社会相互理解、相互信任的行为。网络与通信艺术首先表现为许多无名氏可贵的奉献精神。正是这些人的努力，让网络由近乎空荡荡的信息平台变成姹紫嫣红的信息花园，让徒有基础设施的信息高速公路出现了车水马龙、川流不息的繁荣景象，让新型艺术能够吸收传统艺术的营养而成长起来。诞生于20世纪90年代的网络艺术往往被认为承袭了20年前的首批远程通信项目。虽然远程通信媒体的使用最初使这一假设看起来非常合理，但两者之间还是存在着显著差异，尤其体现在参与的概念上。在早期的远程通信项目中，参与的概念局限于一小群用户之间，剩下的观众依然扮演着传统的被动角色（观看或阅读）。相比之下，随着互联网的普及，20世纪90年代美国行为艺术家艾伦·卡普罗关于废除观众的需求在某种程度上第一次得到了满足。在互联网上，参与的可能性远远大于远程通信项目最初诞生的时代。20世纪90年代，网络的开放结构以及互联网、计算机和其他“小媒体”与日俱增的承受能力使得参与的可能性空前提高。这并不是说所有的网络艺术项目都是意外事件——相反，它们有着各种不同的交互形式和种类。这也解释了为什么很多参与性的网络平台虽然主要由艺术家发起，但却并未被明确视为艺术项目。

从总体上来看（并非仅仅从网络的视角），就新的互动形式而言，有两个模式非常有趣，它们更聚焦于未来的发展方向。

一个模式是意大利哲学家安伯托·艾柯（Umberto Eco）提出的“开放作品”观念的逻辑延续，即各种进化系统，它们可以不断学习，并在每次使用后都有所改进。彼得·迪特默（Peter Dittmer）在自己的装置作品《护士》（*The Nurse*, 1992）中呈现了这样的体系。作品《护士》由一台配有显示器和键盘的计算机构成，用户可以通过这台计算机与一个看似自我反讽的计算机程序进行交流。后来，这个装置又进一步发展，添加了一张桌子和一杯放在桌子上的牛奶；如果计算机程序在与人类进行娱乐性对话的过程中发脾气，该设备中设计精密的机械装置就会打翻那杯牛奶。

第二个互动模式由虚拟分散的（网络）空间和真实城市空间的交织产物所组成。亨默的作品《失量高程》（*Vectorial Elevation*, 2000）以及混沌计算机俱乐部（Chaos Computer Club）的作品《眨眼灯光》（*Blinken Lights*, 2001—2002）和《拱廊》（*Arcade*, 2002）就是这种杂交项目。它们通过特制的界面将虚拟空间连接回现实城市的场地。三个项目都允许互联网用户在某个固定的物理场所介入，或在合适的情况下控制和协助这个装置的运作。《失量高程》由22个指向天空的大功率探照灯组成，它们被安装在墨西哥城的索加罗广场（Zocalo）上，互联网用户可以操控它们形成特定的模式。《眨眼灯光》由一幢坐落于柏林亚历山大广场的建筑的正面构成，这个巨大的建筑立面以最简单的形式被转换成了一块“屏幕”，面对广场的144扇窗户（整幢大楼共有8层楼，每层设有18个窗户）中的每一扇都被设置为一块像素的状态，每块“像素”都分别可控（“灯亮/灯暗”)。通过相关专用电话号码，参与者可以在这个初具规模的“媒体表面”通过特别设计的网络界面玩类似于《乓》(*Pong*)的电子游戏，然后会在大楼表面上播放一段短时动画序列。《眨眼灯光》已不再关注在媒体支持下将建筑变为动态的装饰物，而是聚焦于城市空间，寻找参与动力的最大化。同时代的建筑师都在进行类似的媒体墙面实验，比如，艺术家们将柏林的VEAG大楼和位于鹿特丹的荷兰远程通信公司的伦佐·皮亚诺(Renzo Piano)大楼也作为幕布投影了相关艺术作品。

新媒体艺术的进步应该和公共艺术未来的发展方向紧密结合，这种密切的结合方式不仅能够促进公共艺术的发展，而且还可以凭借与多媒体艺术的结合，将公共艺术的艺术效果变得更加具有思考的价值。例如上文提到的《失量高程》(图6-1)，在这部作品中，观众可以使用网络接口控制几万千米外的墨西哥广场上的探照灯。艺术家将这件作品设置在有着古老历史，象征着权威的墨西哥索加罗广场上，表达了艺术家对权力的讽刺。探照灯的灯光每隔3分钟就会发生一次变化，作品展出期间大约有89个国家的80万人次通过网络参与了这次活动。

该作品由可供人们参与设计的网站和室外的探照灯装置共同构成。在网站上，人们可以根据个人喜好对22个探照灯的照射角度等进行设计安排，从而完成一个探照灯装置作品。然后，被安置在广场上的22个探照灯就会根据网站上人们的设计呈现在广场上的夜空中，每隔14秒，这个装置就会换一个造型。探照灯在夜空中舞动本来就是一个非常壮观而且美的景象，更何况这是自己设计的呢？可想而知，参与这件艺术品的人们该

图 6-1　拉斐尔·洛扎诺-亨默《失量高程》(1999)[①]

是多么兴奋。从作品本身最终呈现的美学角度来看，这件作品或许比不上一些精雕细琢的、美轮美奂的艺术精品，但是也具有一定的美感和艺术价值。

从作品实现的形式上看，这件作品是通过在互联网上的数字技术实现的。在当今数字技术发达的互联网时代，这或许不足为奇。但是它的可贵之处在于它不是由某个艺术家设计的，而是由千千万万的普通老百姓根据自己的想法设计的。在艺术大众化的今天，艺术不再是少数艺术精英的独门宴会了，艺术的主体已经逐渐转移到大众身上，人人都可以尝试去成为艺术

① 图片来自拉斐尔·洛扎诺-亨默个人网站：https: //www.lozano-hemmer.com/vectorial_elevation.php.

家。当然,由于每个人知识构成不同,创作能力参差不齐,艺术修养高低有异,大众创作的作品自然难以与专业艺术家的相媲美。然而在这个作品中,并不是只有一个或者少数几个普通人参与,而是由上万人共同参与制作,这样一来,这个作品就不再单纯是普通大众的普通作品了,而成为意义非凡的、美妙的艺术作品。正所谓众人拾柴火焰高,姑且不看万人制作的壮观和变化的美,单从观念的角度来看,这种艺术创作的意识和创意就足以称得上是佳作,因为它充分体现了艺术大众化、多元化的趋势。

《失量高程》的突出之处是广泛的参与度。灯光在人们持续的修改下处于无规律状态,没有人知道它下一秒会是怎样,每个人都有机会影响它。此外,这件艺术品的珍贵之处还在于,它搭建了虚拟与现实之间的桥梁,让不同国籍的参与者在网上修改灯饰,并乐在其中。这一点,从广泛的参与度也可见一斑。或者,我们可以说,这不仅仅是网络艺术,因为网络并不是它的全部,而是超网络艺术。

网络媒体具有许多传统媒体所无法实现的独特优势,例如数字化、多媒体、实时性和交互性。因此在这种独特的媒体上,艺术家们所创造出来的艺术作品着实让人耳目一新,大大开阔了观众的视野和想象空间。

(二)网络空间的标新立异

根据哲学家穆尔(Jos de Mul)的考证,“空间”(space)一词可以追溯到拉丁语spatium。spatium是指事物之间的距离或间隔。然而,从中世纪晚期开始,这种对自然哲学和自然科学的解释就有了更抽象的含义。当人们驾驶船只沿着航海线发现了另一块地理空间，天文学发现了宇宙空间，电子显微镜发现了（亚）原子空间，可以看到，空间并不仅仅是我们认为的一种简单的存在，而是由人类所从事的活动演变而来的。根据列斐伏尔（Henri Lefebvre）的空间生产理论，空间的生产可以分为三类：第一，“空间实践”，指的是生产和再生产的空间。[①]诸如日常生活、城市道路、工作场所、个人生活、休闲娱乐场所等——主要指直接感知的空间。第一种空间生产是整个其他空间生产的物质基础。第二，“空间的再现”，是指概念化空间，是科学家、城市学家、艺术家爱好的空间，即把实际和感知的作为“构想的”空间构成。这种空间生产与设计和秩序相连，通过符号、知识、符码得以确立，诸如符号学的空间、艺术家的空间、诗人纯粹创造的想象空间。这种空间类似于知识所构成的文本空间。第三是“再现的空间”，还可以称之为元空间、神秘空间、不可知空间。随着媒体技术的发展和信息网络的发展，人类在真实的物理空间和虚拟的网络空间同时生活，并不断探索和利用两个空间的资源，体现了列斐伏尔所说的“空间的再现”和“再现的空间”。

赛博空间（cyberspace）是指数字信息媒体中的一种空间。赛博空间最初是由加拿大作家威廉·吉布森提出的，1985年第一次出现在他的科幻小说《神经漫游者》中，他运用卓越的想象力给读者描述了一个可以给人直接而全面的精神反馈的虚拟现实空间，如同真实的物理空间带给人的全部生活感知一般。吉

① 参见网站：http://www.persee.fr/doc/espat_0339-3267_1990_num_43_1_3760.

布森本人这样说道:“赛博空间,一个由亿万合法操作员每天体验到的共享幻觉,从人类系统中的每一台计算机抽象出的数据的图形表示……这是超越日常生活的超延伸。”德国理论哲学教授沃尔夫冈·韦尔施认为赛博空间是一个塞满各种各样信息的数据集合体,是一个新的虚拟空间。在赛博空间中,用户不再仅面对远方的一幅图像,而是走进画面,借助耳机和数据手套,可以在图像的世界里往返自如,就像在真实的世界里一样,它可以被访问和修改,在这个空间里自由飞翔,不出家门就可以实现走入另一个世界的梦想——一个完全由用户拥有并实时创造的3D虚拟世界。用户可以体验一个虚拟但却是真实的东西,相反也可以怀疑每一件真实的东西是虚拟的。根据莱布尼兹(Gottfried Wilhelm Leibniz)或博尔赫斯(Jorge Luis Borges)等人的世界观,一种意识状态中的真实,确确实实是可以成为另一种意识状态中的幻景。这类宇宙观正在成为现实的普遍假定。现实与虚拟的边界正在变得更不确定、更易渗透。

(三)信息流动的卓尔不群

传统艺术将保存现实美作为自己的使命之一,通过物化增强了美的持久性。不过这种保存却是以牺牲美的动态为代价而获得的。相比之下,网络与通信艺术将创造流变之美作为自己的目标,认为作品的生命力就在于流变。

电信网络、广电网络与计算机网络尽管诞生于不同历史条件下,如今却不可逆转地走向融合,这正是媒体系统发展的大趋势。诸网互联在技术意义上需要接口,在文化意义上也需要沟通，因为它们各自的用户原先已经养成了与不同网络相适应的心理定式，“煲电话粥”“当沙发土豆”与成为“网虫”毕竟有所差别。由此可以看出沟通正是远程通信艺术的一个重要特征。通过相关的艺术活动，人们在技术上搭建了不同网络之间的桥梁，而且从心理上来说不同网络也是一个整体。远程通信艺术对移动透明的互联网和多功能的网络终端起到了必不可少的引导作用。越来越多的远程通信作品正是在诸网互联的基础上实现。

20世纪技术的进步也伴随着人类欲望的扩展。通过网络技术、机器人技术和远程通信技术结合出现的“遥控”成为人类实现远距离控制的最好技术。1922年，拉兹洛·莫霍利-纳吉（Laszlo Moholy Nagy）利用通信技术与艺术的表达就已经出现在电话艺术中了。他通过电话在工厂制造的5件作品被认为是最早使用远程通信技术的艺术创作。具体的做法是纳吉在一张彩色图纸上标出符号，利用电话向工厂的人员传达指令并定做作品。1984年，影像艺术创作的先驱美籍韩裔艺术家白南准（Nam June Paik）利用卫星电视技术连接巴黎、纽约、圣弗朗西斯科等城市的艺术作品《欧威尔先生早安》（*Good Morning, Mr. Orwell*, 1994），开创了全球范围内利用卫星电视互动和交流的艺术风潮。

“Telenoia”这个概念是由英国的媒介理论家、艺术家罗伊·阿斯科特提出的。这个单词是由代表远程的前缀“tele”和代表心灵的词根“nola”合成的，大概可以译为“远程心态”。他曾策划和组织过多次利用网络平台开展的艺术活动。1980年，阿斯科特在荷兰组织了一次有意义的展览，在这次活动中，来自世界各地的艺术家们在24小时内将以文字、图像、声音等各种媒介创作的作品传输到荷兰的展览会会场。传输作品的手段包括电话、网络、传真等各种渠道。这一次活动取得了极大的成功，活动结束后他们甚至向荷兰政府提议将这一天作为一周的第8个休息日，以庆祝“Telenoia”的成功。1983年，阿斯科特也组织过一次类似的展览活动“文本之皱褶：行星的童话故事”，这个项目在当年巴黎市立现代艺术博物馆电子节上成为一款集体创作的实验项目，并在12月11—23日这段时间里，接纳了来自世界上大约11个城市的参与者。他们可以选择属于自己的角色，其中包括野兽（魁北克阿尔马市）、恶棍（阿姆斯特丹）、骗子（英国的布里斯托尔）、智慧长者（火奴鲁鲁）、魔术家（巴黎）、王子（匹兹堡）、傻瓜（圣弗朗西斯科）、巫婆（悉尼）、仙温（多伦多）、公主（温哥华）、男巫（维也纳）等。他们从其角色的角度和观点创作一段文本，传输到博物馆里，每天的主题由前一天的文本来决定，观众在博物馆中可以看到这些人物，并且也可以参与文本的创作。在1986年举办的以“艺术、科技和计算机科学”为主题的威尼斯双年展上，阿斯科特作为此次展览的国际组委会组织了“行星网络”计划，这次计划以历史古城威尼斯为信息的发源地，艺术家们利用网络向世界各地发表自己的艺术观念。这次活动表达了在流动的信息网络中，其中任何一点的变动都将会影响整个世界并使其随之发生变化的观点。

（四）社会关系的焕然一新

艺术的宗旨是增进普遍理解与信任，而且艺术本身的发展离不开分工协作。远程通信艺术所涉及的既可能是人与作品的互动，也可能是人与人的互动或机器与机器的互动。不论是哪种情况，社会关系都是作品很重要的内涵。《远程花园》由尼日利亚艺术家肯·戈德伯格和约瑟夫·桑格罗玛纳共同合作完成（图6-2）。戈德伯格从小喜欢机器，他在宾州大学和卡内基梅隆大学研究机器人，1994年他接触到网络后立即开始寻找一种将机器人和网络结合的方法，希望通过两者的结合实现他多年以来努力探索的人类与机器共存的愿望。不久他利用机器人、网络等技术创作了《远程花园》。它首次在洛杉

图6-2 肯·戈德伯格、约瑟夫·桑格罗玛纳《远程花园》（1995）[①]

① 图片来源：http: //goldberg.berkeley.edu/garden/.

矶交互媒体节上展出，不久又出现在林茨电子艺术节会场上。在艺术节会场上，人们看到一个充满了数以百计的不同花卉的盘，该盘的顶部有一个机器人手臂、铲子、水壶等工具，用户必须在网站上注册并使用密码才可以使用，通过网络在世界任何地方均可以完成会场内花园中花卉培育、土壤护理、播种和灌溉。作品展出后，仅1996年就有9 000人次通过网络灌溉和培育了这个花园。人们从世界各地来照顾这里的花，在照顾这些鲜花的时候他们了解到什么植物适合什么土壤，什么是最适量的灌溉标准等。这些花在不同国家人民的照料下健康生长。

但是，有一天早上，人们发现他们精心照看的花园遭到了破坏，一位用户在50小时内按动了10 000次浇水命令，使花园遭受了严重的灾难，甚至影响了机器的正常运行。为了避免这样的事情再次发生，艺术家重新改写了程序，采用了四季的做法，每一个季节过后花园的土壤会恢复为播种前的状态，通过每几个月的修整，除掉旧的花草、铺垫新的土壤。人们还可以重新进行播种、灌溉、浇水等工作，直到植物开花结果。在地球的各个角落，人们在匿名状态下共同照管着这个花园，共同创造了这件全球文化时代的象征性作品。

生物芯片、人工智能、神经网络，这一代计算机为人们的自我潜能提供了超越极限的智慧；现代摄影术和电子存储带来的“瞬间永恒”，现代通信技术形成的“咫尺天涯”，国际互联网将世界的“一网打尽”等都是科学与艺术的结合，是人存在方式的完美体现。它们跨越了个体生活空间的藩篱，有限的生命向无限的生命演化，生存的需求升华为灵魂的富足，同时满足了世界图景的变化，又让人类乘着科学方舟去畅游在唯美的生存环境里。

事实上，当感知是通过远程通信技术做中介时，人们要同时感知两种分离的环境：“在场”与“遥在”。“在场”是通过媒体而呈现的环境，即事实上在场的物理环境；“遥在”是通过通信媒体手段创造的环境，是人们体验的中介环境而非直接的物理环境。“在场”属于环境的自然感知，“遥在”属于环境的中介性感知，这种环境在时间或空间上远离“真正”的中介环境，因此在相当程度上摆脱了直接的物理环境约束，为人们的活动提供了更多的自由。

在2010年上海世博会美国馆，林强与叶俊庆、柯智豪、胡至欣共同完成了交互艺术作品《光种音子》（图6-3），作品灵感来

图6-3 《光种音子》（2010）①

① 图片来源：http: //www.nhu.edu.tw/~society/e-j/81/81-07.htm.

源于日本医学博士江本胜的波动理论，该理论认为：任何事物都处在波动的状态中，各自拥有一定的波长和固定的频率。我们想象足球观众是一个“波”，虽然每个观众只是站起来，坐下来，并没有跑来跑去，但“波”真的在移动，这个“浪头”就是一种波。池塘里的水波也是如此，它不是一种实际的转译，而是水上下振动的结果。不仅人们每天接触的，紧密相关的物体适用于波动理论，就连各种文字、声音、图像以及人们的心理变化和情感活动也呈现为一种波动状态。善良的本性造就美丽的语言，邪恶的本性产生丑陋的语言。林强相信一个简单的善念是一颗心识种子，在因缘和成熟状态下便有机会发芽。《光种音子》便是打造这样一个平台，邀请观众行善种念，作品形式包括音乐、网络与互动程序、计算机影像三部分。胡至欣的植物版画进入计算机成为数字影像，佐以林强的音乐，叶俊庆拟造的静谧安适空间，由柯智豪撰写互动程序作远程控制，当观众透过计算机写下一句祝福的话，话语就会以如同萤火虫小光点的形态呈现在馆内墙上，随着计算机影像、音乐遍布虚空，慢慢消逝。

除了现场互动，《光种音子》也透过网络与观众交互，任何浏览者都可以远程上网写下善语，种下光种音子。随着留言数的增加，植物的生长也会改变，相生相灭。四个不同领域的创作者、观众集体参与共同打造《光种音子》相规以善、和而不同，如同多种不同的音轨协调地并行。同年，《光种音子》在瑞士和巴黎展出，由林强与VJ柏光共同展示主要以音乐视觉为主的表演。2008年受新加坡华艺节邀请，林强与另一组团队进行不同的呈现方式。此次《光种音子》加入现场装置等更多元素。与创作共享、自由软件运动概念相呼应，《光种音子》从最原始的核心程序“善念”，逐步由不同团队组合的工程师、创作者、表演者等增添新的程序代码，如同不断修改程序般，《光种音子》也有很多个版本。不同的工程师团队虽有不同的撰写方式，但核心程序不变。

1992年6月，艺术家保罗·瑟蒙创作的作品《远程梦想》（*Telematic Dreaming*）在芬兰首次展出（图6-4）。这是一个连接两个站点的实时视频通信设备。作品由媒介物——“一张床”构成，它连接了视频会议系统与ISDN数字电话网络两个远程终端，通过图像显示另一个空间的动作。两个在不同空间

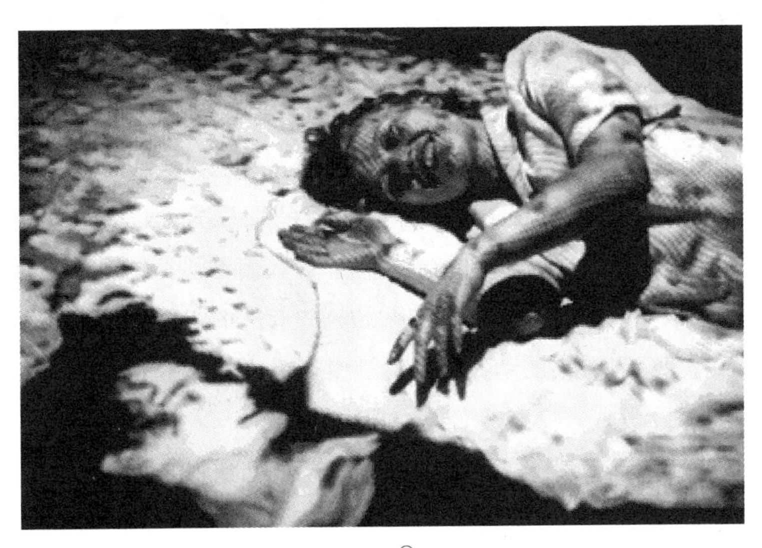

图6-4 保罗·瑟蒙《远程梦想》（1992）[①]

① 图片来源：http: //www.paulsermon.org/dream/.

里的人，可以在同一时间对另一空间中的人的行为做出适时反应。在第一个终端，保罗将一台摄像机放在一张双人床上面，从鸟瞰的视角捕捉床上发生的一切，通过ISDN电话线传到另一个远程终端。通过第二个终端，数字图像会被转换成为模拟录像信号，输入另一张双人床上方的录像投影仪中。这样，在第一终端处拍摄的视频被投影到第二终端的床上。同样，第二张双人床上也躺着另一个人。放置在投影机旁边的第二台录像机，将第一人的视频投影和第二人的图像同时拍摄，直接转移到床边放置的两个显示器上，并通过ISDN电话线传送到床边安置的4个监视器上。几乎同时，人的身体跨出了荧屏，延伸到远处。视频的画面呈现出模糊、超现实的内容与实景般的如梦幻境。

《远程梦想》允许人们从一个新的角度看待自己，而不用离开他们的身体。借助于视觉的力量，将观众从传统修饰色彩的高度写实主义引入到其他感官领域。保罗·瑟蒙的目的就是要利用媒介技术扩展观众的触觉。显然，人们不可能触摸到另一个虚拟空间里的同床者，但却可以通过自然的图像和这种迅速而有力或者温柔的动作来体验触摸之感。观众几乎同时可以触手可及另一个人的图像，对同床另一个参与者的动作做出反应，产生深刻的影响力，以至于视觉印象受到刺激最终产生了触感。

西班牙艺术家马纳的艺术作品《无题城市》(*Untitled City*, 2000)是一款受法国都市社会学家保罗·维利里欧(Paul Virilio)的文章《速度与信息》启发的作品。这件作品节省了大量的文本收集过程，以自下而上掠过屏幕的动画形式加以呈现。访客能否看清文本的具体内容并不重要，重要的是通过文本的流动思考，呈现远程通信日益发达的社会中的人际关系与群体关系。2001年3月25日，在圣弗朗西斯科艺术学院的展览上，信任的概念成为通信领域一个经常提及的话题。史蒂夫·曼设计的《椅上交易》(*Seat Sale*)要求访客掏出一张信用卡或其他形式的证明，亲身体验对网络系统及其建造者的信任感。这些例子都说明：远程通信艺术归根结底是社会关系的折射。

远程通信技术的充分发展将造成不断分化、不断专门化的跨网络传播模式普遍出现。这些变化无疑将对艺术产生深刻的影响。互动作品的集体作者既可以相互激励、获得启示，又在一定程度上保持了独立思考的权利；既可以根据事先商定的计划推进创造过程，又可以即时进行多向交流，捕获自然产生的灵感并拓展相应的思路。

三 网络与通信艺术的开枝散叶

科技给艺术带来了新鲜的元素，使得艺术在表达形式上有了新的突破。在网络这个平台上，艺术的融合性渐渐提高。网络拓展了艺术的载体，使得艺术走进了大众，加强了作品和观者之间的互动性，艺术不再只是少部分“贵族精英”才能触及的东西。通过把新技术与艺术的创新相结合，它创造了艺术的零距离沟通，让非本地读者，听众或观众与千里之外的艺术作品互动，使人们理解艺术作品的信息流，而不是实体。这种艺术形式的发展，很大程度上取决于计算机网络与通信网络的互联程度。

（一）网络与固定通信互联

固定通信网络的历史可以追溯到第19世纪初的电报线，紧接着传真网发展了起来。不过，真正与C&C有关的固定通信网络，首先要数电话网，早期远程通信艺术就是以此为基础的。在主干网独立之前，主机与终端之间的远程连接主要依靠电信线路。由此可以看出，远程通信艺术与网络艺术在最初的发展阶段两者指的是一个意思。前文中提到的展览活动“文本之皱褶：行星的童话故事”就是其典型代表，展览会上来自世界约11个城市的艺术家各代表一个角色：女巫、公主、智者等，与观众一起进行文本创作，加拿大的国际时间共享网络IPSA为他们提供了3周的免费使用时间。1985年，诺曼·怀特（Norman White）又组织了“传闻”（Hearsay）项目。该项目的灵感来自一个孩子的游戏灵感，主要规则是通过低声说话秘密传递消息，参加活动的8个中心负责将信息翻译成不同语言后发出，整个过程由多伦多的A-Space监测。

远程通信艺术在艺术作品的实践中采用的几种方法值得我们讨论：

第一，通过计算机技术与电信相结合的形式进行相关的艺术实验。电话网原先以传输声音为主，随后向传输图像扩展。贝尔系统于1924年5月19日首次公开了使用电话线进行图像传输的演示，1956年8月成功地展示了贝尔实验室的形象。

1964年纽约世界博览会上，美国电话电报公司推出了一部可视电话，这部电话把信号从该公司传递到了加利福尼亚州的迪士尼乐园。由于采用压缩算法，1984年，Picture Tel视频会议系统已经能在公用电话网上以228 Kbps的速度传输质量较高的图像。1991年9月21日，一些艺术家组织了一场名为“窗外的艺术”的活动，它通过电话线将大屏幕上显示的内容传递给远方的同事。又如，为了能用统一的通信平台支持综合信息的传输，人们长期致力于发展综合业务数字网络（ISDN）。早在1968年，AT&T就有这方面的举措。ISDN的特点是将原先独立运作的电话通信、传真通信、用户电报、广播电视和数据通信统一起来。这种网络引起了前卫艺术家的兴趣。1994年保罗·瑟蒙（Paul Sermon）在赫尔辛基电子艺术国际讨论会上展出了其作品《远程通信视野》（*Telematic Vision*）。这个作品由两部分组成，一个是赫尔辛基艺术博物馆，另一个是在玛丽娜旅馆的参与者。每个地方都配备了一个摄像头，针对他们采取两侧的图像通过ISDN线传输，然后组装在对面大屏幕上。人们可以清晰看到来自城市那头虚拟但仍“活”的伴侣坐着，看着他们对着影像人物交谈是一件很奇妙的事。

第二，利用计算机网络参与固定通信艺术实验。比如，1991年3月15—29日，在日本电话电报公共公司（NTT）举办的“多向交流”（Inter Communication）活动中，安排了“电话网里的博物馆”（The Museum inside the Telephone Network）项目，由浅田士（Arkira Asada）等组织。该项目旨在将电话网络变成一个博物馆，参观者可以通过电话、传真或电脑来参与艺术家的工作。联网计算机在这类艺术实验中所能发挥的作用，很大程度上取决于所安装的软件。其中，计算机语音合成系统就是一种很有用的软件。1993年圣弗朗西斯科州立大学史蒂芬·威尔逊（Stephen Wilson）教授设计了作品《有人吗？》（*Is Anyone There?*）。该作品设置了两个条件：社会经济状况、城市生活的意义。他采用计算机语音合成系统，在圣弗朗西斯科选择多个地点拨打付费电话，让听者对生活进行评论，然后把通话的内容采用数据库的形式储存起来。他还用数码相机拍摄现场的位置照片。音频和视频数据彼此组合，并储存在交互设备中，访客可以通过之前的数据库随时调用。一方面，他试图发掘电话技术的潜力，另一方面，揭示使用付费电话克服当代社会畸形状态的诗意处境。威尔逊在设计这项工作时是想和接听电话的人交谈。但也可能是相反的目的，即让听众通过使用计算机语音合成系统听故事。1997年1月20日至2月17日，伊恩·波洛克（Ian Pollock）与珍妮特·西尔克（Janet Silk）实施了"Local 411"项目，他们使用的主要设备是公共电话与交互性语音邮件系统。波洛克等人对有关材料进行加工，对公众开放。不论谁打电话进来都可以听到这些人的故事。

第三，以计算机网络为参考系统，设计了一种基于固定通信网络的艺术实验。例如，1994年8月5日伦敦国王十字（Kings Cross）火车站电话亭已被改造为临时咖啡馆，在格林威治时间18:00举行电话接听活动。在早期，电信艺术关注集体意志的表现，以及媒介技术的发展如何改变公共空间。该项目将互联网的逻辑（创建一个通信环境，容纳多个参与者）应用到相对个人的电话媒介，这也是评估电信艺术社会影响力的重要方面。

（二）网络与广播电视互通

广播电视网络是由多个广播电台和电视台通过交换节目或路线共享而形成的，其在艺术领域与计算机有多种联系。例如，通过计算机创建的各种音乐或图像，可以通过广播电视网络发射，广播电视网络的各种程序都可以由数据库管理。传统的广播电视网络、专门的网络电台、电视台，都已经不是什么新鲜事了。网络与广播电视互通主要探索的是与C&C有关的各种实验性艺术。

20世纪还出现了“慢扫描电视”（Slow Scan TV，SSTV，又称慢速电视）的理念。其想法是使用业余广播电台传输逐帧图像到传统语音带宽。这种方法的优点是能在弱信号和干扰情况下传输数千米。艺术家们致力挖掘慢扫描电视蕴含的某种艺术潜能。1979年巴特利特组织了一个慢扫描电视项目“环太平洋地区的身份”（Pacific Rim Identity），通过卫星、业余无线电和电话系统的相互作用开展。这类实验迅速扩展到其他电子媒体，罗伯特·阿德里安（Robert Adrian）在奥地利北部城市林茨电子艺术节（Arts Electronica，1982）上设计了“24小时中的世界”（*The World in 24 hours*，1982）。该项目是以电信媒体为基础进行艺术作品的制作，目的是建立一个由艺术家及其他参与者共同参与的全球网，每个参与者能够通过慢速扫描电视、传真、电话、电子邮件和会议系统在他们的位置组织活动。维也纳、法兰克福、阿姆斯特丹、巴思（英格兰）、匹兹堡、多伦多、圣弗朗西斯科、温哥华、火奴鲁鲁、东京、悉尼、伊斯坦布尔与雅典都是这次活动涉及的城市。1982年9月27日，该活动在欧洲中部时间12点开始，由林茨市发出呼叫，它持续了一整天和一个晚上，直到28日12:00结束。组织者录制了超过2小时的录像带。

除了政府对频道的限制，业余电台、电视台都面临着设备昂贵、功率有限的普遍问题。互联网兴起后，人们看到了解决问题的希望。有句说法为：一个网页是一张报纸，一个网站是一个电台。如今，有很多艺术家使用流媒体播放功能。艺术群体ralioqualia主要在艺术领域从事应用远程技术的研究，包括因特网、广播与电视。其成员活动于大洋洲、欧洲。他们开发了多平台系统"频率钟"（The Frequency Clock），用于流媒体网络视频播放的用户定时。苏格兰举办以"偏僻"（Remote，2002）为题的艺术展，他们所提交的项目名为"倾听驿站"（*Listening Stations*），把无线电看作是"广播天文学"（Radio Astronomy）的第一阶段。

杰姆·芬纳（Jem Finer）创作了《恒久演奏者》（*Longplayer*，2000）。它通过网络广播于2000年1月1日推出，直到2999年12月31日才会结束。信号中心位于伦敦港口附近的一座灯塔，这里作者把旧苹果电脑和音响集成编程环境的Supercollider。他通过所谓的"西藏宋碗"（由金、银、铜、铁、锡、铅和汞铸造）收集声音样本，使用合成方法来改变基调和节奏的运作，让程序创造无穷无尽的音乐，1 000年中决不重复。照作者的想法，除非世界发生巨变，否则这件艺术作品永远也不会停止。为了保证目标的实现，芬纳已经建立了一个基金委员会来照顾这个项目。相比之下，苏格兰艺术家赫尔森（Chris Helson）创作《行动》（*The Act*，2002）的兴趣在于空间定位。艺术性网络广播已经很常见。国际性的流媒体电影（Streaming Cinema）也已经举办了3届（2000，2001，2002）。各种艺术展览经常通过互联网广播。例如，2003年2月22日，英国西部港口城市利物浦电影、艺术与创意技术中心（Film，Art and Creative Technology，FACT）举办电影、录像与新媒体展览，以及一周的网络直播。

（三）网络与移动通信互渗

移动通信的历史可以追溯到美国物理学家费森登（R. A. Fessenden）所做的无线通话实验（1900）。它在第一次世界大战期间被正式应用，当时机载无线电电话被用来指挥地面目标的火炮轰击，并协调陆军、海军和空军的作战。贝尔电话实验室于1946年推出公众移动通信系统。早期的无线电话很重，直到1984年，才出现了摩托罗拉DynaT-AC 8000X手机。虽然它重达900克，但对于手持设备的用户来说已是福音。之后，手机越来越轻巧，功能越来越强大。诺基亚公司推出短信服务SMS（Short Messaging Service，1996），经过EMS（Enhanced Messaging Service）阶段，并向MMS（Multi-media Messaging Service）发展。MMS多媒体信息服务，就是所谓的“彩信”，从2002年在中国开始流行。手机自身正在成为崭露头角的艺术媒体。互联网与移动通信的互联为电信业的发展提供了新的机遇。具体做法主要有：

其一，利用互联网收集为移动通信艺术而创作的针对性作品。2001年10月31日，以“重新分布”[(re)distribution，2001]为题的在线展览，是首批面向手持设备（如个人数字助理，PDA）与无线艺术的国际展览之一。又如，巴黎艺术家克拉斯（Nicolas Class）在《空中一日》（*One Day on the Air*，2002）中将2002年7月8日下午4—5时所录制的无线通话以震波动画形式放在网上。诺基亚等公司网站都设有短信艺术（SMS ART）栏目。用搜索引擎可以在因特网上找到短信艺术有关的网页。在中国，有许多网站建立了包括手机铃声、手机动画在内的栏目。黄金书屋、北斗移动手机网站等站点还鼓励人们创作手机文学。自2003年3月3日起，日本软件开发资讯公司一直向手机用户提供手机上的文学服务。每周的星期一到星期五，公司通过手机网在连载模式下附带流行作家的最新小说，利用手机用户进行订阅的程序，还可以与作者交流电子邮件，直接与作者交流。

其二，利用专门软件组织基于移动通信的艺术实验。例如，戈兰·莱文策划了名为“拨号音：电子交响曲”（*Dialtones: A Telesymphony*，2001）的项目，利用人们的移动电话来合成音乐。他设计了一个系统，在舞台的控制台上给观众打电话，每个参与者的位置和电话铃声是已知的，合成了有趣的音乐。作为当年电子艺术节的一部分，2001年9月22日这个项目在奥地利林茨的一个礼堂首演。莱文解释其作品及理念时说：“移动电话的喇叭与响铃使之成为表演用具。按键使之成为一个键盘与遥控器，它的可编程的铃声使之成为便携的合成器。《拨号音》正是在缺乏上述神圣空间的背景下，在我们的社会对待无线通信技术的矛盾态度的背景下问世的。"[①]莱文最初的动机或许是让移动电话在音乐演出中响起来,让人们产生倒霉感或尴尬感,但演出本身却很逗人。它始于简单的铃声,重新触发,然后增大音量,气氛变得越来越紧张。铃声有些是人们所熟悉的,有些则是全新的(由手机的主人从网络上下载或自行谱写)。又如,2002年8月,在纽约市无线网络运营商支持下举办的一次特殊赛跑活动。两队参赛者必须按规定路程跑2.5小时,不仅要到达终点,还要拍下相应的照片。虽然参与者可能不在相同的节点上,但专用节点扫描软件会自动记录参与者所传递的所有节点。网络连接各上传的节点,参与者必须采取两张照片作为证据:一张照片应采取带有背景,而另一张应该包含附近的标志性建筑。组织者试图表明,无线网络在生活中无处不在,拍摄的照片也成为互联网的一部分。

其三,让用户通过移动通信控制艺术作品。例如,新西兰艺术家唐·宾尼(Don Binney)创建了一个太平洋舰鸟的图标,奥克兰美术大学肖恩·克尔(Sean Kerr)将它加工成为由7块屏组成的交互性作品,起名为"宾尼项目"(*Binney Project*, 2002),访客可以通过互联网或在展览现场使用手机来激活和操作它们,让它们通过三个维度的扫描形成队列,让上百只鸟同屏翱翔。芬兰赫尔辛基艺术与设计大学工作室(Crucible Studio)推出作品《意外的情人》(*Accidental Lovers*, 2003)。设

① 转引自:黄鸣奋.新媒体与西方数码艺术理论[M].上海:学林出版社,2009:37.

计者让电视观众通过手机短信表达自己对情节的看法。计算机软件收到短信，识别关键词，调用相应数据库里贮藏的情节与主题。这些信息可能会进一步影响作品的情节和主题。由于有观众参与，节目每次播放都不一样，它体现了基于同一数据库电视节目、因特网与移动通信网的相互作用。设计者让候选人以动画形象出现在电视屏幕上并回答问题，让观众通过因特网与发送手机短信的途径表达自己的态度。又如，美国国家科学基金会曾赞助名为“远程演员”（*Tele-Actor*）的项目，对实况远程环境中的群体行为加以讨论。远程演员是一个配备有摄像机和话筒的人，其所见所闻由上述设备所连接的无线网络发送，通过因特网或交互电视向这一项目的所有参加者广播。这些参加者既能彼此互动，又能与远程演员交互（投票决定他或她下一步的行动）。

在英国交互艺术家尼克·布莱恩-吉斯（Nick Bryan-Kinns）创作的艺术作品《黛西电话》（*Daisyphone*，2004）中，有一段共享的循环的音乐（5秒48节拍），被选择为最少、最有约束力的共享创造过程，但是它仍然包含了广阔的表达范围，可以由10个人通过网络同时编辑（图6-5）。每个人都可以使用4种不同的声音创建音符，可以编辑任何音符，并可以绘制在共享绘图区域。该作品说明了在苹果手机上使用的《黛西电话》；分数由圆圈表示，并且当前播放的音符组由从中心辐射的灰色线表示，在5秒的时间段内顺时针旋转。形状表示不同种类的声音（C大调音阶的环境电子声音调音板，包括低音、指挥、拍打和打击）。中心的形状允许参与者选择他们创建音符的声音类型和音量，

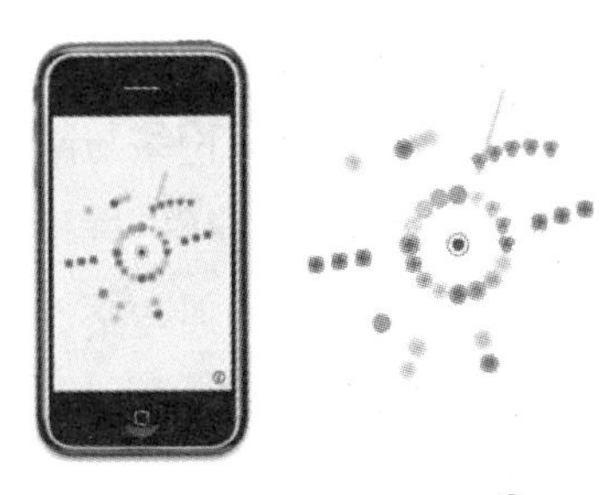

图 6-5 《黛西电话》(2004) [①]

还可以将颜色分配给他人以提供后续的讨论。

远程通信艺术不仅建立在固定通信网络、广播电视网络与移动通信网络上，还可能会建立在与其他网络互联的基础上。曾任白南准助手的新媒体艺术家迈克尔·比利基(Michael Bielicky)在奥地利林茨电子艺术节展出过为期4天的虚拟远程表演《出埃及记》(*Exodus*, 1995)。作品取材于《圣经》中摩西的事迹，网站上展出了诸多虚拟图，如利用全球定位系统(GPS)摄取的以色列沙漠景观等，还有常规地图。这表明艺术家已经关注GPS数据。这是一个基于计算机的实况交互性叙事，利用全球定位系统、平板计算机、定制软件来确定参与者的去向，并根据它们的位置提交故事元素。GPS跟踪参与者的位置，判断故事如何展开。参与者沿着洛杉矶街道行走，带着装有全球定位系统的平板计算机，可在屏幕上看到洛杉矶市区地图。“热点”根据经度与纬度来定位，地形变成了界面，参与者的运动变成了轨迹，作品因此提供了独一无二的交互体验。

① 图片来源：http: //gouda.dcs.qmul.ac.uk/.

本章对远程通信艺术加以探讨。数码时代的艺术本体不再是孤立的存在，而是见诸文本与文本、媒体与媒体、网络与网络的相互联系之中。它可以使人们跨越地理空间的障碍，进行远距离的交流，达到“海内存知己，天涯若比邻”的沟通与交流效果，这种交流的特点就是艺术的魅力。在这些艺术作品中，连接与超链接是很重要的。事实上，即使是一个传统作者的作品（因为参与者也是作者），都已经不像传统艺术一样重要，最重要的是接受者和参与者从不同的地方实时或即时参与，共同创作艺术作品这一行为本身。作为一种有前途和有吸引力的艺术形式，它代表了未来新媒体艺术发展的一个重要趋势，新媒体艺术在当代中国版图中占有重要的地位，有着非常光明的未来。可以预见，越来越多的有见识和探索精神的中国艺术家们将积极参与探索这一新型艺术形式，以他们自己的方式进行网络与远程通信艺术的本土化实践，构建中国新媒体艺术的独特景观。

第七章

镜花水月：数字游戏艺术中的情境体验

在动物的世界里，游戏是各种动物熟悉生存环境、加强双方了解、学习竞争技能的一种基本活动，是动物与生俱来的行为。而数字游戏是以直接获得快感为主要目的，且必须有主体参与互动的活动。这个定义表达了数字游戏的两个最基本的特性：一是直接获得快感（包括心理和生理的愉悦）；二是主体参与互动，即主体本身通过表情、动作、语言等变化来获得快感的刺激方式及刺激程度之间的直接联系。古希腊的哲学家柏拉图（Plato）认为："游戏是一切幼子（动物和人）生活和能力跳跃需要而产生的有意识的模拟活动。"而亚里士多德（Aristotle）则认为："游戏是劳作后的休息和消遣，本身不带有任何目的性的一种行为活动。"随着时代的发展，人们对游戏的看法渐渐不同。德国诗人和剧作家席勒（Egon Schiele）认为："人类在生活中要受到精神与物质的双重束缚，在这些束缚中失去了理想和自由。于是人们利用剩余的精神创造一个自由的世界，它就是游戏。这种创造活动，产生于人类的本能。"英国哲学家赫伯特·斯宾塞（Herbert Spencer）认为："人类在完成了维持和延续生命的主要任务之后，还有剩余的精力存在，这种剩余精力的发泄，就是游戏。游戏本身并没有功利目的，游戏过程的本身就是游戏的目的。”德国生物学家谷鲁斯（Karl Groos）认为：“游戏不是没有目的的活动，游戏并非与实际生活没有关联。游戏是为了将来面临生活的一种准备活动。”而奥地利心理学家弗洛伊德（Sigmund Freud）认为：“游戏是被压抑欲望的一种替代行为。”[①]不同时代的学者都给游戏下过不同的定义，游戏论之父约翰·赫伊津哈（Johan Huizinga）给游戏下了这样的定义：“游戏是在特定的时间和空间中展开的活动，游戏呈现明显的秩序，遵循广泛接受的规则，没有时势的必需和物质的功利。游戏的情绪是欢天喜地、热情高涨的，随情景而定，或神圣，或喜庆。兴奋和紧张的情绪伴随着手舞足蹈的动作，欢声笑语、心旷神怡随之而起。”[②]简而言之，游戏是幻想与现实之间的桥梁，是一种在满足了物质需求之后，在一种特定时间、空间范围内遵守着某种特定的规则，追求精神满足的社会活动。

数字游戏中的游戏时空不仅为玩家创造了虚拟世界，建立了一种超主客体的关系，还承载着玩家的再社会化或重新社会化的梦想。德国古典哲学创始人康德（Immanuel Kant）在他的《判断力批判》一书中认为“艺术和手工艺的区别在于前者是自由的，而后者只能被看作是被雇佣的艺术”。康德主张“促进自由艺术最好的途径就是把它从一切强制中解放出来，并把它转换为单纯

① 转引自：盛健奇.独立电子游戏画面的后现代艺术性研究[D].无锡：江南大学，2014.

② 赫伊津哈.游戏的人：文化中游戏成分的研究[M].何道宽，译.广州：花城出版社，2007：史纳丹序，25.

的游戏”[①]。这个想法和席勒的不谋而合，他们都强调对立的理性与感性的统一是美、是艺术，超功利游戏的自由性给予理想和感性的结合空间，蕴藏着自由艺术的发展空间。在数字游戏时空里，创作者不再是作品意义的创作主体，数字游戏需要有玩家的积极参与和回应，在互动的过程中才能合作生成艺术作品的最终含义，产生强大的代入感和身心愉悦的沉浸式体验，只有去中心化的集体叙事才能打造出全新的、互动的、深层次的艺术模式。

在电影中，随着艺术家把特殊表现技法理论化之后，文字游戏进一步成为具有独立研究价值的艺术门类。2011年5月9日，美国国家艺术基金会正式宣布“数字游戏是一种艺术形式”，因此数字游戏可以与电视、广播等项目一同竞争申请最高20万美元的基金赞助。数字游戏原本属于电子产业，但在2011年被纳入资助范围之后，正式进入了非营利系统，开始成为一门独立的艺术门类。从某种角度来说，数字游戏进入非营利艺术赞助和展览系统，使它原来的面目发生了巨大变化，成为一种更具创新和日常化的艺术种类。此时，游戏的艺术观念再次受到冲击。以前创作一款游戏只有向使用者收费才能运营，而现在它的趣味性就可以申请资助而不需要商业运营获得回报，可以不迎合商业口味而尽情创作，并且用于公共事业而不单单以营利为最终目的。数字游戏艺术既可以与商业项目竞争，也可以从纯粹的艺术目的出发，鼓励任何的可能性。数字游戏在非营利性艺术领域的发展，激发了一部分不想被商业化的艺术家在这个艺术门

① 康德.判断力批判(上卷)[M].宗白华，译.北京：商务印书馆，1996：150.

类中创造的可能性,美国独立游戏艺术家的身份开始得到重视。

数字游戏艺术的本质是“虚拟的真实”。就像小说作者在构造小说中的虚构情节时,作者本人是超脱于现实世界的,他不会考虑一言一行所带来的相应后果,因此可以自由地异想天开。鲁迅先生说过:非有天马行空似的大精神,即无大艺术的产生!从这个意义上说,小说、戏剧、电影甚至游戏都是虚幻的,但从另一个意义上说,它们又代表着一定程度的真实。从这些艺术作品中我们可以感受到创作者脑海里的幻想和他们运用想象力在虚拟空间自由驰骋时所看到的景象。而这些幻象,都来源于创作者在感性生活中的真实想法,包含了他们内心世界里的对事物的认识,从而使我们洞悉创作者的创作内涵。歌德说:“每一种艺术的最高任务,即在于通过幻觉,达到产生一种更高真实的假象。”[1]数字游戏则超越了以往任何一种艺术形态,表现出一种前所未有的“真实性”,或者称为“虚拟的真实”。它可以将小说中描述的一场激烈的战争,在显示器上由抽象的符号转变为血淋淋且无比“真实”的残酷画面,可以让玩家以第一人称的视角直接介入其中,或胜利高歌,或失败流血,而不再是以欣赏小说、电影时的那种第三方旁观者的身份姿态。

一 交互是情境体验的密钥

数字游戏艺术具有五大特征。其中,最大的特征是交互性,

① 转引自:伍蠡甫.西方文论选(上册)[M].上海:上海译文出版社,1983:446.

这是以往的传统艺术中少有的。人们在欣赏美术作品或者观看电影时，只能够是单方向的接受。而在数字游戏中，玩家一旦进入数字游戏就会收到艺术的反馈。玩家需要与设计师构造的虚拟世界进行互动，同时会产生沉浸性，这是数字游戏的第二个特征。此外，很多数字游戏都注重开放性，简而言之就是随着玩家所做出的不同选择，能够导致人物的不同命运，这种方式赋予了玩家极大的再创造性，这种参与感是以往任何一种艺术形态都望尘莫及的。数字游戏的第四个特征是综合性，即在游戏中可以出现一门或多门艺术的综合体，例如电影、音乐、雕塑模型等。数字游戏以综合性包容一切艺术，并为自己服务。最后，游戏艺术作为大众媒介能够传播各种信息以及文化形式给大量的、多样的受众，所以它也具有大众性。数字游戏也因此成为在某一区域、国家或者时代中被大众所信奉、接受的艺术类型。

（一）数字游戏中的情境概念与空间

数字游戏艺术与其他艺术的不同主要体现在情境体验上。情境的定义为位置、物体和人的外围表示以及这些事物的变化。也就是说，一个人在进行某种行动时所处的特定背景，包括机体本身和外界环境。顾君忠提出情境谱系的概念，他将情境分为五大类，分别是计算情境、用户情境、物理情境、时间情境和社会情境。[①]

① 转引自：叶莎莎.基于情绪感知的移动图书馆服务研究[M].上海：世界图书上海出版公司，2015：88.

数字游戏艺术中所指的情境是计算情境，简单来说就是虚拟空间。在游戏缔造出的全新虚拟世界里，自由得到了最大化的艺术应用，多元纷繁、互动交叉和极具个人体验性的信息充斥在游戏时空的每个角落，交互、转换、涌现出了各种新的意义与界定，用数字编码打造出一个全新的数字化空间。数字游戏这个新生事物打破了时间、空间的概念，对各种平台进行整合。网络技术的应用更是加强了其独有的实时互动性与全球化的特点，提供给艺术家们更为广阔的社会反馈面。去中心化的叙事方式给受众带来的全新感受，为艺术家开辟了新的发展空间与维度。[①]研究玩家对于数字游戏情境的认知和提升情境体验有很大的帮助，也就是说研究游戏的艺术审美特征，从审美体验入手，提高游戏的艺术特性，从而提升游戏的情境体验。与其他艺术形态不同，游戏的艺术审美体验也就是游戏的情境体验，给玩家提供了交互式情感体验、沉浸式虚拟体验以及独特的叙事风格，这就是数字游戏的艺术特性。下面将会根据数字游戏艺术的特性，来阐述数字游戏艺术在情境体验之中的优越性。

（二）数字游戏中的虚拟空间与交互

数字游戏艺术的首要特征就是交互性，它是建立在计算机所制造的虚拟空间中的。在计算机系统里，虚拟环境将现实生活中难以把握的现象进行量化、数字化、透明化，让人们可以从容地生活在两个互动的世界里。交互性是数字虚拟对象区别

① 刘瑾.电子游戏的第九艺术之说[N].中国艺术报，2012-08-27(3).

于其他事物的主要特征，是人和虚拟事物交往最直观的行为反映。交互的目的是要达到一种简约、和谐的交流方式。交互的简约性主要依靠交互方式的创新，它基于流畅的软件导览系统和交互的细节设计引导用户更好地理解和探索虚拟时空。

如今，数字游戏的交互性首先体现在用户界面设计上。当玩家打开一款游戏，映入眼帘的就是用户界面。界面的风格也体现出游戏的内容与题材，比如蒸汽朋克风格类的游戏《机械迷城》（*Machinarium*，Amanita Design 出品，2009）（图 7-1），其界面设计要偏向机械风格才能符合此款游戏的世界观与时代背景，从而符合玩家的审美预期，达到更好的交互效果和沉浸体验。数字游戏的用户界面设计需要高度的辨识性，因为玩家对于图形的识别速度要远远高于文字。通过图形辨别指引玩家，让玩家在第一时间理解游戏的操作流程。数字游戏的用户界面信息分为动态特效、按钮、文字等元素。当玩家与游戏进行互动

图 7-1 《机械迷城》（图片来源：游戏截图）

时，动态特效更为直观，相较于其他元素，更易于给玩家提供信息。在情境体验中，数字游戏的用户界面构成了整个游戏界面的层次结构。但是其角色、布景、道具设计也是交互设计中不可或缺的组成部分。

数字游戏中的场景设计是指除了角色造型及用户界面以外的一切物体的造型设计。场景设计是一款游戏的重要组成部分。数字游戏的场景不仅要有很强的艺术性，也要与角色、游戏界面相呼应。优秀的场景设计能够强化游戏的主题色彩，给游戏带来更高的艺术性。游戏场景设计的功能是多方面的，而最重要的就是交互性。[①]《机械迷城》场景设计中废旧的金属垃圾场、钢铁做的锅炉房，以及废弃不用的下水道表现出蒸汽时代的气息。在游戏中，场景设计的构图是为了关卡而存在的，不同场景表现的是不同的关卡特征，比如平原、森林、沙漠、火山，这些场景都是为了突出关卡的特色。现实风景虽然美丽，但它与游戏中的场景还是有很大的区别。场景的布局结构是为了服务游戏机制而设计的，河边的石坝、森林深处的洞穴、沙漠中的绿洲都是为了让玩家可以尽情冒险。在游戏场景中，创作具有丰富趣味性和挑战性的障碍有利于增添游戏的可玩性。这种设计场景的方式能增添多样化的元素，有利于不同场景的区分。在设计游戏关卡时应注意玩家与场景的交互性，对玩家友好的场景应配以简单、直接、易于操作的交互设计，而给玩家制造麻烦的场景应该在交互上提升难度，为玩家增添挑战与可玩性。

---

① 李媛.美术设计在手机游戏中的应用与研究[D].哈尔滨：哈尔滨师范大学，2016.

交互技术使我们对图像的理解转变为一个基于时间框架的多感官交互空间。在这样的虚拟空间里，时间和空间的数值可被修正，观众能够随意改变自己与空间的关系。《宝可梦Go》（*Pokemon Go*，任天堂出品，2016）利用AR交互技术把玩家在虚拟空间中的世界映射到现实空间中。这款游戏所渲染的环境是在现实地图的基础之上简化而来的。玩家在开启摄像头后可以在真实世界中寻找并且捕捉宠物小精灵。游戏中的时间也与现实中的时间有关联，白昼模式和黑夜模式也改变了虚拟世界与现实世界之间原本毫不相干的关系。众多玩家甚至举着手机在大街小巷各处寻找宠物小精灵。这款游戏让玩家运用自己手机的摄像头，投射虚拟物体到现实空间，使得多感官的交互形态成为数字游戏艺术形态的又一种延伸，是交互艺术形式的一次自我变革。

毫无疑问，玩家在数字游戏艺术中是占主导地位的，他们与数字游戏之间的交互是双向的情感交流。数字游戏程序由二进制代码编译而成，这些程序符号只是游戏玩家之间双向的、平等的交流媒介，没有主动与被动之分。游戏创作者不同于传统意义上的艺术家，他们提供的仅仅是一个个由数字图形、图像、音乐、文字、语言、程序等元素组成的数据库，玩家才是游戏的真正创作者和执行者，同时也是艺术的观赏者。数字游戏通过视觉、听觉甚至是触觉等人体感官，在玩家与游戏所传递的信息之间建立联系，形成了双方在文本内容上的互动。也就是说，数字游戏可以通过虚拟空间把人们对物理空间的感受转移到意识空间。

游戏《星战前夜》（*EVE Online*，CCP Games出品，2003）通

过鼠标、键盘等输入设备，使主角在星际旅行，依据游戏画面和文本信息进行互动，玩家可以控制主角到不同的星球上获得不同分支任务（图7-2）。玩家在此款游戏中可以采取任何行动，这给予了玩家强烈的自由感，并且玩家可以根据自身对游戏气氛的感受来选取分支剧情并做出相应的反应。玩家将自身的感官体验反馈给游戏，这些反馈行为将会对游戏之后的结果产生影响，这种互动性便会使人产生沉浸感。

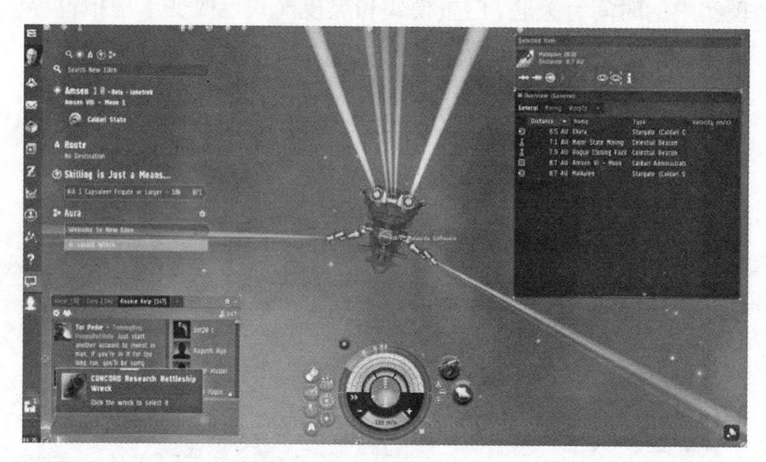

图7-2 《星战前夜》（图片来源：游戏截图）

（三）数字游戏中的交互式情境体验

从数字游戏的感官体验进阶到情境体验，在艺术创作者创建的开放性艺术平台上，创作者对作品的意义进行诠释并发布在此空间中，告知、影响其他参与者。创作者与参与者、参与者与参与者之间的互动不断延伸和扩展数字文本生成的空间。新技术的应用和艺术内涵之间互相渗透，这一动态的、实时更新的信息爆炸式的生成过程彻底颠覆了静态的传统艺术品的意义生成、传播路径和发布方式。Unreal、ZBrush、Unity3D等软件及AR、VR头显等硬件设施的面世与应用，将虚拟世界里的沉浸式、代入式、转换式审美体验发挥到前所未有的高度。比如数字游戏界面对参与者的动作进行捕捉，记录其动作准确性和完成情况，并对所有参与者进行排名等，都极大地增强了游戏的参与感。只要在头部戴上一套虚拟设备，使用专业手柄，就能在游戏的虚拟世界中享受全方位的逼真感受，并沉浸其中。[①]而在体感数字游戏中，任天堂的Wii Remote游戏手柄中内置了蓝牙装置、红外感应器、振动装置、小型扬声器以及三轴加速度传感器，能够提供更自然、富有趣味的游戏体验。在这类游戏中，交互过程不再是千篇一律的按键方式，取而代之的是以手臂动作、身体姿势（如*Wii Fit*）等更为自然直观的交互方式。《Wii健身》（*Wii Fit*，任天堂出品，2007）是Wii游戏机延伸的健身产品，玩家可以站在附带的专用平衡板上，进行40多种不同形式的锻炼，比如保持平衡的小动作、有氧体操等。此外，它还能追踪游戏者的身体质量指数（身体相对体重与身体总脂肪量的关联性指标），推动了家庭健身运动的热潮。不仅如此，这种新的游戏方式鼓励多人共同游戏，从而为朋友之间以及家庭成员之间的情感互动创造了条件。[②]微软在2010年6月14日发布了Xbox360体感周边外设，命名为Kinect，借此推出了多款配套

---

① 刘瑾.电子游戏的第九艺术之说[N].中国艺术报，2012-08-27(3).

② 柴秋霞.论数字游戏艺术的沉浸体验[J].南京艺术学院学报(美术与设计)，2011(5)：119-123.

游戏，例如《星球大战》（*Kinect Star Wars*，卢卡斯艺术工作室出品，2012）、《宠物游戏》（*Kinectimals*，Xbox游戏工作室出品，2010年）、《运动游戏》（*Kinect Sports*，微软游戏工作室出品，2010）（图7-3）、《冒险游戏》（*Kinect Adventure*，微软游戏工作室出品，2010）（图7-4）等。

图7-3 《运动游戏》（图片来源：游戏截图）

图7-4 《冒险游戏》（图片来源：游戏截图）

具有游戏性的装置艺术《萤火虫花园》（*Glowworm Garden*）利用了更为特别的交互方式。这件作品的灵感来自新西兰萤火虫洞的奇妙景观。当夏天到来时，该景点总是会吸引很多来自世界各地的人去那里游玩，所以艺术家便创造出在夏季走进萤火虫洞的场景。这款装置由750个单体组成，每一件单体由3个、5个、8个数量不等的LED灯组成，通过分析萤火虫洞的闪烁频率参数来分别控制750个单体的蓝色光影呼吸效果，在石台阶下方安置红外线传感器来控制与人之间的互动跟随效果。当观众从草坪中的石台阶上穿过时，草丛中的装置会随着观众的移动产生不同的光影效果，从蓝色渐变成荧黄色直至消失不见，仿佛脚边的萤火虫渐渐飞远，完成虚拟情境与自然情境的对话。这种新的交互方式正在被大量运用到游戏设计中来。迷宫类游戏《转身》（*Turn Around*, envis precisely出品，2011），它的交互方式是通过增强现实技术来实现的。这款游戏首先是一本可以被增强现实技术识别的书籍，游戏的目标是要找到走出迷宫的方式。在网络摄像头前面拖着你的书本来走迷宫，每一个迷宫都是独一无二、即时生成的，并随着游戏级别的提升，迷宫规模以及复杂程度也在逐渐提升。玩家通过增强现实技术的方式获得游戏情境体验，相当于把平面的书籍用三维的方式显示出来，大大增强了艺术作品体验的沉浸性与趣味性。

交互性作为数字游戏艺术中最显著的特性，有着巨大的探索价值，值得我们为之付出努力，让玩家可以在互动中获得审美的满足，而不仅仅只是通过嫁接的手法把传统的艺术表达集成在一起。数字游戏中加入的每一种艺术的表现形式都是为了加强游戏本身的交互性，增强玩家的情境体验。

二 沉浸是情境体验的目的

数字游戏艺术的另一大特征是沉浸性，玩家通过向内互动、向外互动以及与虚拟群体互动三种方式进行情感传播。玩家进行情感传播是参与、反馈、享受的情感沉浸状态，这种情感沉浸状态也是连接数字游戏领域与非游戏领域的纽带。"沉浸理论"是由美国心理学家米哈里·契克森米哈（Mihaly Csikszentmihalyi）在1975年首次提出，主要用于解释人们在进行某些活动时为何会注意力高度集中，完全投入其中并过滤掉所有不相关的知觉，进入一种情感沉浸的状态，这对分析情感传播与游戏化的内在关系具有启发意义。[①]在情景体验中有一个理论叫作"情境觉知"。情境觉知的定义是在一定的时间和空间内，对环境中的各组成成分的感知、理解，进而预知这些成分的随后变化状况。[②]而数字游戏正是这样通过情感知觉给玩家带来沉浸性的，就像它具有创造虚拟世界的能力一样，不仅可以再现现实世界，还能以想象来补充现实世界，以虚构唤起真实的身心体验，从而弥补人们生活经验的能力局限。在传统艺术中，人们虚构的想象使得感觉器官的体验具有局限性，而数字游

① 刘研. 电子游戏的情感传播研究[D]. 杭州：浙江大学，2014.

② 邓智聪，刘伟. 即时游戏情境觉知中注意力分配的研究[EB/OL]. 北京：中国科技论文在线.（2009-12-21）. http://www.paper.edu.cn/releasepaper/content/200912-675.

戏艺术则将虚构上升到了虚拟现实的高度，将想象的内容形象化，使得玩家可以直接掌握，并消除了虚拟世界中物体与现实生活中感知到的对象的差异。玩家在数字游戏中进入一种亲力亲为的体验状态，产生一种“亲历感”。

（一）数字游戏沉浸的自由目的

沙盒类游戏《上古卷轴》（*The Elder Scrolls*，贝塞斯达软件公司出品，1994）、《三国志》（日本光荣株式会社出品，1985）、《辐射》（*Fallout*，Interplay公司出品，1997）等这类游戏的核心是“自由开放”，游戏叙事结构通常是非线性的，并不强迫玩家完成规定的剧情，玩家可以扮演一位角色（主人公或者创造者），在游戏里与多种环境元素进行互动。而游戏《模拟人生》（*The Sims*，美国艺电游戏公司出品，2000）则是模糊了目标的概念，模糊了工作和游戏，在游戏中每一个任务都像是现实生活中的工作，它成功将居民的生活与朋友、邻里间的互动关系紧密结合在一起，比如当你添购了娱乐性设备后，这些东西会吸引你的邻居或好友前来。从理想的角度来看，如果你能和每一个人都保持良好的人际关系，并产生很好的影响，这将会与以后你在游戏中的成就相关。良好的社交关系，可以让你获得更好的成就。当你能影响你朋友的想法，则会更容易达到这个目标，如此便会给玩家带来沉浸的体验。创作者对物理空间人类社会社交关系加以提炼，并模拟这种感觉，使玩家的情境知觉得到满足，并触发了一个又一个剧情后使玩家慢慢沉浸且理解任务带来的剧情变化（图7-5）。

图 7-5 《模拟人生》（图片来源：游戏截图）

游戏专家欧内斯特·亚当斯（Ernest Adams）将游戏的沉浸体验区分为以下三类：一是战术性沉浸，即重在技能，玩家在成功操作时可以体验到；二是战略性沉浸，即重在智力，玩家做出正确选择时可以体验到；三是叙事性沉浸，即玩家深入于故事时可以体验到，亦见于读书、看电影等场合。[①]斯塔·比约克与尤西·霍洛帕尼则区分出运动沉浸、认知沉浸、情感沉浸、空间沉浸、心理沉浸，前三项与亚当斯的分法相当，第四项是玩家感到仿真世界在知觉上可信时体验到的，第五项是玩家在将游戏与现实生活混为一体时体验到的。而《模拟人生》便是叙事性沉浸，在一个个任务完成后，达到对虚拟空间知觉上的可信的体验。游戏在这个空间之内进行，规则在这个空间之内适用。在这个虚拟空间里，你可以选择或创建一个自己特定的3D虚

① Ernest Adams. The Designer's Notebook: Postmodernism and the 3 Types of Immersion［EB/OL］. Gamasutra. (2004-07-09). https: //www.gamasutra.com/view/feature/130531/the_designers_notebook_.php.

拟形象和社会角色；与一群充满创意的居民在这个空间里进行娱乐、创造和交流，在自己拥有的土地上创建家园、建筑物和商业、娱乐场所；还可以将现实世界乃至现实世界无法实现的商业模式和形态在这里进行尝试、拓展，开创全新的商机。只要你拥有一个可以与虚拟空间连接的媒介，就等于拥有了另一个生命。在这里你能享受自己设计环境的乐趣，设计和创建梦想中的生活，最主要的是在这里人们彼此相遇不受物理空间的约束。

（二）数字游戏沉浸的想象目的

赫伊津哈发现，数字游戏很明显的特征之一就是它在时空上是脱离日常生活的。一个封闭的空间有明显的标记，既可能是物质的标记，也可能是想象中的标记，这个封闭空间和日常生活和环境隔离开来。2016年12月，在上海当代艺术博物馆，由What's Media Lab团队与Eyesperience Studio共同创作的《飞天画卷》，让上千位参与者笔下的各式各样的“天仙”以3D的方式活了过来。《飞天画卷》的交互方式是由观众在选取自己喜欢的“天仙”线稿，然后根据自己喜欢的颜色给画着色，再请工作人员扫描，瞬间便能看到自己创作的“天仙”活跃于屏幕中。在这个创作的过程中，观众通过自己的创作与虚拟的空间进行互动，在着色的过程中沉浸，等到完成扫描后，自己创作的“天仙”便可以代替自己在虚拟空间中漫游了，这样的情境体验给人带来的沉浸是无与伦比的。

由任天堂发布、爱里佳开发的游戏《无尽的海洋》（*Endless Ocean*，任天堂出品，2007）很好地诠释了游戏是如何打破物理

图 7-6 《无尽的海洋》(图片来源：游戏截图)

空间约束的(图7-6)。在《无尽的海洋》里，每一个玩家都扮演一个潜水员，你可以探索未知领域享受美丽的水下生活；你可以在找到珍贵文物后，采取行动来升级你的潜水技能，开拓新的挑战；当探索完成任务后，你也可以再进入一个新的奥秘领域。在游戏中，海洋野生动物是多样的，包括许多常见的和稀有的物种。在深海里，你会遇到不同的海洋物种，比如小鱼、企鹅、大鲸鲨、鳐鱼和抹香鲸。这个游戏包含关于某些动物的神话，比如鲸鱼和鲨鱼。游戏只使用Wii遥控器控制，玩家使用屏幕光标来引导潜水员。通过游戏任务难度的加强，人们便会慢慢沉浸其中，沉浸在深海里，这样的情境体验是其他艺术所做不到的。

尽管虚拟空间不可能给出关于生存环境问题的最终答案，但是它给予了我们用不同的手段去探测和沟通的机会。在这里要提一下曾经红极一时的一款像素化沙盒游戏《我的世界》(*Minecraft*, Mojang Studios 出品, 2009)(图7-7)。这是一款人

图 7-7 《我的世界》(图片来源：游戏截图)

尽皆知的独立数字游戏，其火爆的原因在于游戏画面是漫画卡通形式和让人放松的休闲益智风格。游戏制作者在细微之处也考虑到了大众的需求。《我的世界》中使用的卡通形象综合了各方面的优势，无论是建筑还是植物都有着强烈的个性但又不会让人产生厌恶的感觉。在生活中，物质的快感并不能带来精神上的满足，人们总是感受到精神上的虚无感。数字游戏的出现刚好弥补了这一缺陷。在数字游戏艺术中，沉浸是人们被置入精心设计的虚拟空间时产生的审美愉悦体验，大众的审美取向在游戏中体现得尤为明显。虚拟现实的音像和传感系统能够使参与者产生沉浸于虚拟世界中的幻觉，即“虚拟现实意味着在一个虚拟环境中的感官沉浸”。游戏艺术中的沉浸体验是通过计算机设计创作的虚拟空间，将现实幻想中的世界编制到计算机中，去产生逼真的虚拟世界，通过用户的视觉、听觉、味觉、嗅觉和触觉等感官感受让用户沉醉其中。在数字游戏艺术中，沉浸体验是审美必不可少的前提。没有了沉浸体验，玩家就不能如临其境、如闻其声、如见其人，就没有了情感体验，也就不可能产生美的感受。而《我的世界》这款游戏正是让我们根据自己的想法，建造属于我们自己的虚拟空间。就好像是在玩游戏时，把我们的意识空间通过建造自己的虚拟空间表达出来，将我们对情境的体验融入其中。

（三）数字游戏沉浸的真假交融

由于现在数字游戏互动方式的多样性，关于沉浸性的研究也不再仅仅是关于空间的研究。无论是虚拟空间还是物理空间，游戏艺术的沉浸性媒介渐渐从虚拟空间走向了物理空间。比如说艺术家诺亚·沃德里普-弗鲁因（Noah Wardrip-Fruin）的互动游戏装置《屏幕》（*Screen*, 2002），便是一个把游戏从虚拟空间的情境体验延伸到物理空间情境体验的实验作品。这件作品的屏幕创建了一个“洞穴”，利用一个房间大小的虚拟现实环境来显示。大量文字在周围的墙壁上出现，将读者环绕其中，而后这些单词开始四处散落。读者发现他们用手敲击即可使单词复原，于是这种体验成为一种游戏。与此同时，文本信息的语言和触动单词的神秘体验共同创造了一种新的体验，我们很难将这种新的体验同关于游戏或虚拟现实的惯常思路混为一谈。单词层层散落并不断加速，被读者敲击的单词不一定总能回到它们最初出现的地方，那些无处容身的单词就会自行碎裂。太多的单词脱离墙面，余下的单词层层散落，在读者的周围形成旋涡。最终，当太多的人离开墙壁时，其余的文字开始剥离，在读者周围旋转并崩溃。如果玩的时间更长，错位的单词和句子将会带来更大的混乱。游戏和文学形式之间的关系需要长期讨论，而这种使用文本作为游戏材料的形式则是一种新的形式。除了通过游戏创造的这种文本与身体交互的新形式，随着屏幕的变化，玩家将通过三个角度进行阅读体验，从熟悉的、稳定的、页面式的文本在墙上显示，随后逐字在阅读后剥落，靠手指在墙上的打击把文字集中起来，接着新的文本在墙壁上的重新组合让玩家重新认识。

数字游戏艺术的沉浸性正是由于其交互形式的多元化造成的，在其设计前期，创作者就要考虑到他/她想要表达的思想和玩家在其中的自由度与限制。这种思考后的结果，便为玩家在情境体验之中带来了沉浸性的虚拟环境，让玩家可以在数字游戏的虚拟空间中遨游。

三　叙事结构是情境体验的脉络

叙事是数字游戏设计结构中最直观的层面，通过叙事使系统和规则在用户行为和体验层面得到落实和实施。“叙事”既是虚拟体验设计方法的重要切入点和设计的直观对象，也是设计过程和评价的重要方法。认知科学家罗杰·尚克（Roger Schank）指出：“人类生来就理解故事，而不是逻辑。”[①]相对于宏观的系统和微观的规则，叙事更容易被人们理解，也更具有感性的力量。把人的行为嵌入一定的叙事框架中，是让数字游戏

① 平克.全新思维［M］.林娜，译.北京：北京师范大学出版社，2007：79.

具有吸引力的沉浸体验的一个重要设计方法。

（一）数字游戏的叙事萌发

最初的数字游戏作品都是个人独立创作，如《创世纪一：第一黑暗纪元》（*Ultima I: The First Age of Darkness*, 1981）就是由理查·盖瑞特（Richard Garriot）从头至尾包办一切的。但随着计算机技术的发展一日千里，人们对游戏的要求也越来越高，数字游戏作品也越做越复杂，从而使得游戏制作的艺术分工终于渐渐形成。《创世纪》系列的创始者理查·盖瑞特在开发完《阿卡拉贝：世界末日》（*Akalabeth: World of Doom*, 1979）之后，准备设计一个中古世纪的角色扮演游戏，于是就有了《创世纪》这款游戏。20世纪80年代的游戏图像比较简单，以单色荧幕为主，即使是彩色荧幕，也只有4种颜色。游戏机制非常简单，主要是收集油矿以便返回地球。故事也简单，邪恶的蒙丹利用“不义之石”带给他的力量意图毁灭世界，由于此时他的力量已经非常强大，击败他的胜算渺茫。游戏中的英雄要利用时光机器，重返蒙丹羽翼未丰的时候，将他杀死并摧毁“不义之石”。这个游戏系列的第一代是一款独立数字游戏，叙事结构简单，但是接下来开发的产品由于公司的重视，它的叙事设计开始复杂起来。但是，游戏的叙事结构依旧单一。

（二）数字游戏的叙事迭代

系列游戏通常具有迭代性，每一代都会比前一代在操作上和叙事上做出稍许改变，其初衷是为了加强玩家的情境体验。与《纪念碑谷1》(*Monument Valley*, USTWO Games公司出品，2014)中故事叙述大量留白的设计不同，《纪念碑谷2》(2017)中游戏的叙事设计变得重要起来。该制作团队都非常认同母子故事带来的共情能力，因此，《纪念碑谷2》的叙事设计从母亲的视角出发，让游戏讲述母女之间的情感。因为该游戏叙述的故事其实也是许多人和他们的孩子的故事。设计师乔纳森·托普(Jonathan Top)坦言游戏改变了他和父母之间的关系，开始从不同的角度看待小时候那些事情。他认为，角色之间的联系可以有很多种可能，也有很多可以交互的空间，而角色关系的变化则是整个游戏最为独特的地方。通关之后，完整的故事将会呈现出来，讲述的是萝尔把孩子培养成一个神圣几何世界的建筑师。当然，《纪念碑谷2》讲故事的方式不是平铺直叙的，而是通过关卡、画面、交互传递，一千个人就有一千个纪念碑谷，玩家能够一边玩一边聆听到作者想要传达的心声，从而引起玩家的共鸣并沉浸其中。在游戏时空里，参与者不再是完全的传统意义上的被动接受的观众，而是变成了主动参与的“玩家”。他们参与到任意的虚拟空间里，选定任意的角色，对空间叙事进行不同视角的体验，从而生成一个庞大的分支数字系统。

(三)数字游戏叙事结构的开发性

在上文中我们谈到数字游戏艺术的沉浸体验分为战术型沉浸、战略型沉浸与叙事性沉浸三种，其中的叙事性沉浸与传统艺术媒介的沉浸十分相似，玩家通过与游戏的互动从中提取故事文本，激发情感的共鸣并获取丰富多样的游戏体验。但是数字游戏的互动性使其叙事更具开放性；这种开放性主要表现为两个方面：一是数字游戏内叙事文本的开放性；二是叙事的达成完全基于玩家的选择，因此玩家在游戏中产生的叙事有着强烈的个人色彩。① 传统的艺术形式在内容上往往呈现出固定性和封闭性，例如小说和电影的情节并不随着玩家的感受而发生任何改变，作品一旦完成就不存在修改的余地。而数字游戏则为玩家提供了一个框架，即使不同的玩家在某一叙事节点上作出了相同的选择，也会因为自身角色种族、职业、属性的不同而产生不同的后续情节，导致另一个结局，产生迥异的游戏体验。需要注意的是，数字游戏的开放性并非意味着没有一个固定的结局，而是游戏提供了众多的选择，让玩家决定故事情节的走向与结局。②

在《上古卷轴5：天际》(*The Elder Scrolls V: Skyrim*，贝塞斯达软件公司出品，2011)中，玩家可以根据游戏设定的主线剧情获取装备和提高技能，同时揭开自己的身世之谜，体验从籍籍无名的小人物最终成为一城之主的英雄旅程(图7-8)。当然，玩家也能专注于支线剧情，尽情探索辽阔的中土世界。无论是主线剧情还是支线剧情都为玩家提供了众多的选择，允许玩家以不同的身份切入叙事中去，除了能够选择成为战士、法师或者盗贼，玩家也能自由选择进入哪个城邦，还能对自己的技能属性

① 闫郡虎.电子游戏的叙事模式研究[D].重庆：重庆大学，2014.

② 柴秋霞.论数字游戏艺术的沉浸体验[J].南京艺术学院学报(美术与设计)，2011(5)：119-123.

图 7-8 《上古卷轴 5：天际》（图片来源：游戏截图）

进行随意的调配，以不同的方式激活游戏不同的情节，最终产生迥异的结局。

数字游戏叙事的开放性，还体现在游戏作品允许玩家对其核心系统进行修改。例如游戏编辑器与游戏修改程序（Modification，MOD）的存在使玩家可以依照自己的意愿为游戏增加或者删除内容。官方也鼓励广大玩家充分发挥自己的主动性与创造性，为游戏添加新的地图、关卡、人物、剧情等。这种开放的游戏开发模式为游戏提供了无限的可能性，玩家不再拘泥于游戏预先的设定，可以完全基于自己的意愿开创不同的情节与结局。[①]游戏《饥荒》（*Don't Stave*，Klei Entertainment公司出品，2013）是一款动作冒险类求生游戏，讲述的是关于一名被恶魔传送到了一个神秘世界的科学家的故事（图7-9）。每个

① 闫郡虎．电子游戏的叙事模式研究［D］．重庆：重庆大学，2014.

图 7-9 《饥荒》(图片来源：游戏截图)

玩家将在这个异世界中求生并逃出这个异世界。《饥荒》叙事结构里的大背景给出了起因和结果,但是游戏的过程和剧情有很大的开放性。很多玩家觉得游戏的开放性还是不够,于是在网上流出了很多《饥荒》的游戏修改程序。比如玩家觉得跑得不快则可以在源代码里修改,觉得血不够多可以设置自动回血,还可以改变种子的腐烂速度等,这种方式大大增加了数字游戏的开放性。人们根据自己想要的方式来修改游戏编辑器与游戏修改程序,以达到想要的剧情效果,《饥荒》便是通过这样的方式来增强玩家的情境体验。

从数字游戏时空方面来讲,游戏创作者提供给玩家的只是一个粗略的环境和背景,或者说是一个特定的充满幻想的虚拟世界。创作者可以根据不同对象的要求开发出不同的游戏程序。玩家可以跟随游戏创作者设定的固定游戏程序或结局,也可以不选择游戏中设定好的程序或结局,而是自己选择难度、技巧、游戏规则，以自己特有的方式玩出另一种不同的过程或结局。数字游戏会因为玩家选择的不同而呈现出不同的情节过程和结局，即便是点击相同的链接，也有可能会由于随机出现的链接路径不同而导致不同的故事情节和结局。[①]游戏的开放性叙事结构一般不包括宏大叙事，即游戏中的宏观故事背景，如游戏的人物、时代、事件，这些从根本上决定了游戏的场景设定、剧情发展、角色形态以及角色之间的关系。一般来说，这些都是游戏创作者预先设定好的内容，玩家不能参与宏大叙事的构建和发展。宏大叙事是为了叙事的完整性而采用较大的规模来表现宏观的历史内容或者现实内容，由此赋予叙事大背景让叙事更加完整，在强调写实的基础上，追求叙事的真实性与艺术性的统一。

在游戏中，宏大叙事大多表现为一种对历史进程的完整想象，这种想象带有强烈的科幻或神话色彩，却又处处打着现实的烙印。这种世界观的架构往往通过两种方式完成，一种是参考已有的神话传说并对其进行改造，例如《上古卷轴》的世界观设定与犹太教的教义十分接近。另外一种方式是对当下时代可能发生的重大事件进行模拟，并通过科学的方式不断丰富相关内容，以此作为游戏的故事背景。[②]例如《仙剑奇侠传3》（北京寰宇之星软件有限公司出品，2003）的故事背景是与前两部相结合的，而它的世界观又糅合了中国古代的道教、佛教等古代玄幻

① 柴秋霞．论数字游戏艺术的沉浸体验［J］．南京艺术学院学报（美术与设计），2011（5）：119-123.

② 闫郡虎．电子游戏的叙事模式研究［D］．重庆：重庆大学，2014.

世界观，故事是发生在一个被架空了的历史朝代里，里面的人物穿戴、配饰等方面都借鉴了中国古代传统服饰。数字游戏之所以需要设定如此宏大叙事，是为了加强我们在情境中的体验，在这些游戏中，创作者为游戏设定了一整套关于游戏世界诞生与发展的时空架构，然后在这个基础上设定游戏内的场景、角色与剧情，玩家在游戏的过程中并不能以参与者的身份去创造、发展这个宏大的历史背景，但是又时时刻刻受其影响，就像是对现实生活中的映射。

不同于戏剧、电影中的情境体验，数字游戏叙事结构的开放性体现在玩家的个人叙事上。戏剧是通过演员将空间艺术与时间艺术综合在一起，而电影较之戏剧，是更具综合性的艺术，它不仅融合了造型艺术、表演艺术、语言艺术所使用的各种材料和手段，而且还利用现代科学，在银幕上展现社会生活图画，因而在表现时间、空间方面，比戏剧有更大的自由。但是这些自由都不是开放的，观众在观看时缺少参与感。数字游戏的诞生则使玩家在体验的过程中更有参与感。从艺术效果上来说，数字游戏艺术有着自身独特的叙述风格和特色。数字虚拟技术使我们构想中的虚幻世界逼真地再现于显示器上，游戏背景无比生动，从日常生活中的平凡真实到虚幻神奇，无所不包。在这样的背景下，故事的主角们在我们面前成长，展现他们富于幻想性的一面。玩家通过自己的游戏活动，发展出极富个性化的个人叙事。每一个玩家在游戏中的行为都极具个人特征且各自不同，由此导致了不同的剧情和结局。例如《上古卷轴5》如果按照故事讲述来说可以说没有结局，在主线任务完成后仍然有众多的支线任务等待完成，所以这款游戏有很多的攻略，每一个事件的不同解决方式都会触发新的世界。角色扮演类游戏《仙剑奇侠传3》为了在故事的开放性上有突破，设计者在人物间对话时添加了新的形式，玩家在游戏中点击非玩家角色（None-Player Character，NPC）进行对话时，对话框中会呈现一段文字，玩家通过选择自己的回答来接受任务或者放弃任务。采用对话叙事的优势在于更容易使玩家沉浸到游戏中去，进而产生亲历感。同时《仙剑奇侠传3》这款游戏的对话会存在多个选择，每一个选择可能触发支线人物也可能触发使得配角对主角的好感度有所不同的后果，最后玩家的选择将会导致不同的结局（图7-10）。这样的叙事结构大大增强了开放性，但是如此的开放性也只是为故事增加了几个结局，拥有丰富经验的玩家只要多玩几次就可以分别经历这几个结局，相对于《上古卷轴5》，此类的开放性游戏的体验还是差了很多。

图7-10 《仙剑奇侠传3》（图片来源：游戏截图）

由华人游戏设计师陈星汉参与监制，那家游戏公司（That Game Company）开发制作了PSN（PlayStation Network，是索尼电脑娱乐为PlayStation提供的免费网络）游戏——《风之旅人》（*Journey*, That Game Company出品，2012）（图7-11）。此款游戏的叙事结构虽然开放性不够高，但是叙事手法相当独特。《风之旅人》中玩家饰演一名在大漠中旅行的无名旅者，越过无数高山，跨过无数桥梁，不停地搜寻和唤醒旅途中所碰到的碑文，以此增强自己的飞行能力，旅途的终点便是远方的山。旅行的目的可以不同，但目的地是完全相同的。在不断跨过或是飞过一个又一个的悬崖峭壁后，旅行的真正意义才开始慢慢明朗起来，那便是“磨炼”。玩家被要求去搜集那些能加强自己飞行技能的符咒，去发现一幅幅能预言未来的壁画。但游戏并不会主动告诉你这些。你只能靠自身的理解与领悟力，去冲破一个个难关。这样的叙事模式不同于打怪升级，《风之旅人》是一款能

图7-11 《风之旅人》（图片来源：游戏截图）

让人感到身心愉快的游戏。它对游戏节奏的把握堪称完美无缺，自始至终没有出现过任何重复的区域，或是需要反复尝试的内容，从头玩到尾，会发现找不出哪怕一秒钟被浪费的时间。

如今，人类一切活动几乎都尝试用计算机来协助完成。在计算机系统里，虚拟的环境将现实生活中难以把握的现象进行量化、数字化、透明化，让人们从容地生活在两个互动的世界里。数字游戏艺术独特的叙事风格给我们带来新的游戏叙事空间，开阔了我们的视野，丰富了我们的心理体验，缩短了我们与陌生领域的距离，满足了我们探索的欲望。数字游戏的题材、游戏规则及其主要内容的更新和变换往往意味着游戏者审美趣味的转移。我们可以从中看出游戏者对未来的构想，对自由广阔的自我实现空间的渴望。数字游戏艺术不仅可以满足玩家对身份的遐想，还可以发泄剩余精力以及转移欲望，而且还能暂时帮助玩家摆脱现实中人生永恒不变的缺失与匮乏。所以，数字游戏艺术的独特叙事方式给游戏者带来了愉悦的情境体验，玩家在愉悦的情境体验过程中获得了精神的满足与超越。

四　艺术是情境体验的灵感源泉

艺术随着时代的变化而发展，每隔一段时间都会有新的理念被提出来。因为数字游戏艺术是一门综合艺术，所以它包含着当代艺术的其他形式，当艺术形式发生改变时，数字游戏的艺术形式也会发生改变。比如说波普艺术就为数字游戏艺术提供了一股清澈的灵感源泉。波普艺术风格作为后现代主义语境中顺应时代潮流而诞生的艺术表现形式，打破了大众文化和精英艺术的界限，以一种超然的、不偏不倚的态度，如实地反映高度商业化的富裕社会的本来面目。波普艺术家张扬个性的自我风格，就像一些独立游戏制作人制作的数字游戏一样，具有明显个性。

（一）数字游戏设定的视觉艺术风格

每一款游戏都有着自己的美术设定，其呈现出来的视觉艺术风格也有着自己的特色。例如，游戏《机器人小轮》（*Little Wheel*，Fastgames出品，2009）的故事发生在宇宙的某处，一个由金属组成的世界里，世界的主人是一群依靠着小轮子行走的机器人，因而这个世界也被叫作小轮世界（图7-12）。忽然某天一个突如其来的意外，导致整个世界的电力中断，小轮世界也停止了运转。等过了一万年之后，突然一道闪电鬼使神差地打在了一个机器人身上，它随之复活了。这个机器人肩负起拯

图7-12 《机器人小轮》（图片来源：游戏截图）

救世界，让世界重新运转的责任。这款解谜游戏无论音效、叙事、画面、意境还是游戏性都称得上是上乘之作，它获得2009年MTV Game Awards 的最佳网页游戏奖项。整部游戏里的造型都是以黑色的剪影来塑造，无论是城市的背景还是机器人都在黑色的衬托下显得昏暗忧郁，这些特征就是对情境最好的塑造。此款游戏将机械城市的单调和阴沉刻画得入木三分，昏黄的天空中隐隐有黑色的雾气让视线模糊不清，视线的纵深感更是加强了环境气氛的神秘色彩。景物和道具仅仅用黑色的色块和轮廓线来勾勒出造型，金属骨骼外露的机械造型仿佛回到了怀旧的年代，映衬出机械城市环境的冷漠和主人公机械人的孤独寂寞。这些造型和颜色搭配显然都是来自创作者日常生活中对环境的自我反馈，机械人主人公的造型就好像是我们日常生活中罐头盒子、油漆桶的异化。

通过《机器人小轮》这个例子可以看出卡通化造型在数字游戏中的作用。波普艺术风格的简约化、机械化的特点在这里体现得淋漓尽致。创作者通过对日常生活中的物品的加工，在不失其原有特征的情况下艺术地简化了细节，突出机械的冷漠感。这看似简单的造型却很好地把握了环境、道具和人物的和谐统一，在突出机械特征的同时又充分发挥艺术创作空间，为主人公赋予了人性化的特点，使玩家代入到主人公的角色中，沉浸在游戏的世界中去感受游戏所带来的艺术氛围。《机器人小轮》的美术画面因为全部是二维平面，其制作费用远远低于那些三维商业大作，但其达到的艺术效果却丝毫不逊色，画面的造型风格和游戏所想要渲染的气氛都达到了对情境的艺术营造。

随着任天堂新一代的游戏机Switch的上市，其平台上的游戏《塞尔达传说：荒野之息》(*The Legend of Zelda: Breath of the Wild*, 任天堂出品，2017）引起了社会的反响（图7–13）。在2016年7月的电子娱乐展览会（The Electronic Entertainment Expo, E3）大赏上，《塞尔达传说：荒野之息》荣获最佳出展作品，最佳主机游戏，最佳动作、冒险游戏三项大奖。此款游戏的细节和交互性十分用心，例如游戏中野生动物可以狩猎、树木可以砍伐、在篝火处可以将木棒点燃制成火把、火把可以烧毁场景中的草丛。在寒冷的雪山如果你衣着过于单薄，主人公就会瑟瑟发抖，换件厚衣服这种症状就会消失。《塞尔达传说：荒野之息》的世界呈现出高度的交互性和动态性，让玩家感觉主人公和所有生物都是真实“活”在这个世界里的。它的成功，也因为其美术风格得到了大家的肯定。制作人青沼英二（Aonuma Eiji）在介绍这款游戏时表示，他想让这个游戏看起来具有日本动画片的风格，又希望用外光派的手法描绘荒野。《塞尔达传说：荒野之息》把这两点都做到了，同时也印证了目前游戏美术风格的发展风向。游戏采用卡通渲染的方式，使

图7–13 《塞尔达传说：荒野之息》（图片来源：游戏截图）

人物和场景看上去有日本动画的赛璐珞感，在场景设计上用外光派手法描绘户外风景，因为户外的光线变换很快，画家需要迅速抓住景色特征，用笔触和色块高度概括，在光线明显变化前完成作品。《塞尔达传说：荒野之息》试图用“笔触感”和大色块来展现新的荒野气息，无论是偏蓝绿色的天空、具有手绘材质的云彩还是夸张的大气透视，都给玩家一种看到水粉画的感觉，这也是制作人青沼英二想要带给观众的感觉。艺术家希望通过艺术化的颜色来展现世界，而非纯粹追求写实。

（二）数字游戏自动生成的艺术风格

在当代艺术中，由于计算机的诞生而产生的自动生成艺术，是数字游戏艺术能够汲取的一笔庞大财富。若仔细观察艺术家与科学家利用计算机所做的事情，会发现他们共同的目的，就是赋予计算机自主性。设计一定的规则让计算机自由发挥，从而得到了无法复制的美丽结果，最终这种艺术创作方式被称为“自动生成艺术”。《孢子》（*Spore*，Maxis公司出品，2008）游戏中体现了自动生成艺术的所有特点，其将玩家放置于一个系统之中，顺应系统里的规则，让里面的生物产生进化，并进而产生高度复杂的文明（图7-14）。每一次玩家都能够随机地创造游戏中的角色，并自由搭配种族特性。玩家的每一个动作都将影响自己所控制种族后续的发展。每一次从头开始玩《孢子》，游戏世界里的生物都会发生变化。游戏需要玩家从数十亿年前的单细胞生物逐步向前发展，随着时间的推移进化成多细胞生物，再进一步发展大脑功能，最后产生出群集生物，这个时候再

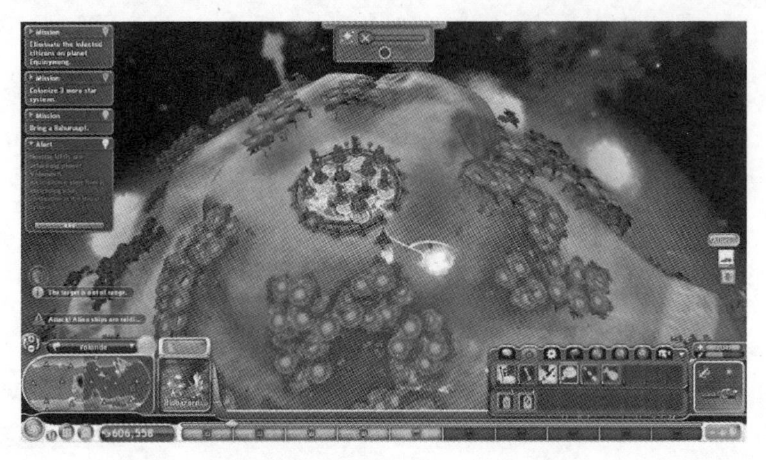

图 7-14 《孢子》(图片来源：游戏截图)

体验生命成长的过程。游戏分为五个阶段：细胞、生物、部落、文明、太空。每个阶段中有其进度值，若玩家把游戏进程推进到最后即可通关。如果《孢子》是可以自动运行的，那么它本身就是自动生成艺术的作品了。《孢子》的游戏设计师威尔·莱特(Will Wright)所设计的模拟城市系列，让玩家在不知不觉中认识复杂理论。无论玩家如何去规划道路、建筑、住宿区还是商业区、供水系统、电力系统等相对独立的子系统，都会影响一个系统的整体表现——也就是玩家在游戏中的表现。

纽约大学菲利普·加兰特(Philip Galanter)总结了自动生成艺术的四大特征：一是自动生成艺术涉及使用“随机化”来打造组合；二是自动生成艺术包含利用“遗传系统”来产生形式上的进化；三是自动生成艺术是一种随着时间而不间断变化的艺术；四是自动生成艺术由计算机上运行的代码所创建。根据这些特征制作的一些游戏，一经发售便让玩家沉浸、爱不释手，影响了许多游戏创作者的思路。

（三）数字游戏借鉴多样的艺术风格

当代艺术对游戏的影响很大，而经典艺术也是数字游戏艺术的另一处灵感来源。2014年度苹果设计奖获奖作品，长期占据App Store精选榜单，同时获中国区iPad年度最佳游戏荣誉的是《纪念碑谷》（图7-15）。此游戏对经典艺术的汲取是值得很多数字游戏制作者借鉴的，在吸取艺术元素方面的表现堪称完美，不仅对荷兰版画家埃舍尔（M. C. Escher）的艺术作品进行了深入展现，而且对其作出独特的衍生与拓展。《纪念碑谷》中能扭曲的楼梯、会旋转的堡垒等各种以视错觉营造的特殊建筑，以及简洁唯美的画面和梦幻般的童话色彩，很容易让人沉浸在空间思维的迷宫里。虽然《纪念碑谷》只是一款迷宫游戏，但视觉上的惊异感营造出了一种神秘浪漫的超现实意

图7-15 《纪念碑谷》（图片来源：游戏截图）

境。主人公艾达公主需要在不同的宫殿中突破自己，完成她的使命。这里有云雾缭绕的山谷、惊涛拍岸的海上宫殿、黑暗幽深的地下陵墓，每一关的建筑都有独特的设计思想，看似平常却都暗藏玄机。[①]这种充满矛盾的空间，灵感源自20世纪的埃舍尔。

埃舍尔作为艺术史上最著名的视错觉图像大师，他以创作各种魔性十足的"不可能空间"而著名。矛盾、循环、悖论是他永恒的主题。不同视点构成的空间可以毫无违和感地连接在一起；水流可以从高处落下，又从低处流回高处；在永无尽头的楼梯上，行走的人看起来既是在上楼，也是在下楼。匪夷所思的场景挑战着观众的惯性思维，既令人迷惑又沉浸其中。莫比乌斯环、潘洛斯三角形和极限思想等数学原理都是这魔力的源泉。《纪念碑谷》这款游戏正是基于这一载体的特点，而画面细节没有做到和埃舍尔的画一样写实的原因是因为游戏造型具有大众性，所以画面整洁唯美，更符合现代扁平化的艺术风格。玩家们要在被视觉欺骗的各种不可能之中寻找可能，指引艾达公主走出迷局。玩家可以通过旋转、移动建筑的构件，让不同的平面交错产生关联。游戏的整个过程就像是一次游走在梦境和现实之间的冒险，解开这些谜题的唯一技巧便是接受这个虚拟空间里的一切不合理，只有懂得抛弃原有的逻辑和思维定式，尝试用不同的视角来看待事物，才能在一筹莫展时得到灵光乍现的惊喜。以埃舍尔矛盾空间为基础的游戏并不少，《纪念碑谷》堪称是最为成功的一款。当玩家在看到矛盾空间时便会有一种想要

① 裴燕.游戏也文艺[J].IT经理世界，2015(7)：80-83.

尝试的感觉，而《纪念碑谷》正好满足了这类人的需求，玩家可以化身艾达公主，在埃舍尔画中进行特别的情境体验，自由地游走于二维与三维的交集内，让人们发现二维与三维看似明显的界线中有一块全新的领域。

《纪念碑谷》无论是剧情、场景还是玩法、音乐，均独树一帜，力求为玩家创造更具艺术感的体验。游戏中的配乐纯净空灵，参考的是“氛围音乐”鼻祖布莱恩·伊诺（Brain Eno）的音乐风格，烘托出宁静、神秘的氛围。在重要的游戏故事叙事结构上，《纪念碑谷》却玩起了“留白”的艺术手法。借幽灵之口超然道出的如诗句般的短语，为艾达的身世之谜留下暧昧的悬念与猜测，即使是打通了全部关卡，谜底也不甚明了，只能由各个玩家自己去理解思考，或者从现实世界中同名的美国印第安公园寻找更多的线索和联系。但是游戏本身想要表达的内涵与优美的画面已足以交织出梦境，开启更多的想象空间。就像游戏中有一幕是艾达通过重重关卡后，在一片灰寂的地宫陵墓中，为先民献上鲜艳如血的红花，在玩家看到这个画面后，内心已有千言万语，但最后也只能化为一声叹息。这种艺术表现手法与中国古画的留白技巧有着异曲同工之妙，也是为了让人可以有想象空间，能够有不一般的情境体验。从《纪念碑谷》中，我们可以看出游戏设计坚持借鉴和改造艺术的审美形式与内在文化永远都不为过时，优秀的游戏设计不仅要传承经典艺术的精华，更要善于利用现代技术手段，赋予经典艺术更为丰富的形式和内涵。这样的方式才能给玩家带来他们所需要的情境体验。

本章节根据数字游戏艺术的四个特性来阐述数字游戏艺术

在情境体验之中的差异性，分别是交互性、沉浸性、开放性的叙事结构以及艺术性。数字游戏艺术精心地设计并营造了一个美妙的虚拟幻想世界，不仅形式上给人美的享受，同时还以互动体验的方式愉悦人们的身心，启迪人们的智慧，在拓展人的能力与潜能方面得到了较大的发展。数字游戏艺术有虚构的力量和拟人化的力量，是一种能动的活动，本身体现出一种对幻想世界的执着，使人们沉浸其中，摆脱现实生活的束缚和限制，陶醉在一种“暂时的、有局限的完美中”。数字游戏的特殊性使玩家对游戏的情境体验情有独钟，这也让其所营造出的情境体验是其他艺术所不能比拟的。数字游戏艺术在设计师的控制下既可以刺激人类情感体验的表层，达到视觉、听觉的沉浸和战术性沉浸，也可以进一步探索人机交互中的战略性沉浸，探索人工智能的无穷潜力，更深层次的沉浸体验则是在数字游戏艺术中使人类面对选择、失败，在数字游戏中体验理智与情感的平衡。这是数字游戏艺术情境体验的魅力所在，也是数字游戏在全球范围内掀起热潮的重要原因之一。

数字游戏艺术与其他艺术形态的情境体验不同的是数字游戏艺术在不断收集玩家的反馈，并且不断更新来优化情境体验。在未来，数字游戏艺术的情境体验将会拓展至AR和VR这些全面沉浸的数字环境中，模糊虚拟与现实的边界，以数字游戏艺术独有的艺术风格和体验来丰富美感的表达方式。

第八章

数字装置艺术表达方式的蝶变

装置艺术作为一种先锋的艺术形式已经在国内悄然发展起来。从早期学习国外的机械模仿，到灵活运用本土化的艺术符号来表述艺术思维，装置艺术都走在了话题和争议的最前列。随着新媒体技术的不断发展，越来越多的中外装置艺术家在自己的作品中使用新媒体技术来帮助他们更好地表达艺术理念。新技术和社会生活的相互作用，推动了许多新体验的产生。人们的体验载体和对象越来越多元化。人们对产品和服务的质量和体验也有了更高要求，这使得能为用户创造出更好体验的作品能脱颖而出。[①]

一　跨界与联合：媒介运用和空间想象

艺术创作中对物质媒介的运用可以强化艺术观念与形式，表达对生活中点滴事物的认识。对非物质媒介的运用则可以拓宽观念与形式，呈现虚拟与假象的世界。伴随着大量新兴媒介

① 赵婉茹.基于互联网产品的用户体验要素研究[D].无锡：江南大学，2015.

的产生，人们逐渐对艺术创作的物质化与非物质化产生了更多的好奇。在物质媒介运用时期，许多艺术家仅运用单一媒介进行艺术实践，更关注物质媒介所呈现的形态与样式。在非物质媒介运用的今天，艺术家则对各种特殊媒介产生兴趣，作品的核心涉及观念、形式以及人（艺术家、观众）与作品的关系。

空间是一切艺术共有的载体，但其归属的途径却大相径庭。在物质媒介运用时期，空间可以通过画布归属于画面，可以通过石料归属于石雕所占的三维面积，可以通过音乐的旋律归属于时间。在非物质媒介运用时期，空间则变得颇为复杂，可以通过屏幕归属于界面，可以通过视听元素归属于四维时空，可以通过物质与非物质的集合归属于三维面积，还可以通过网络交互、对话的方式归属于跨域或虚拟的领地。

数字交互装置艺术对于空间的要求更为苛刻，因为空间是其赖以存在的必要前提。在界面的、介质的、地理的、虚拟的、交互的、网络的空间内，数字装置艺术具有多样的呈现方式，诸如界面呈现、新材料呈现、声光呈现、可穿戴呈现等。这些呈现方式又常常交叠互用，同时运用于单个或系列作品之中。

（一）多样界面的呈现

以界面呈现为主的数字装置作品主要依靠可显示数字内容的介质呈现。这些介质主要有投影设备、计算机显示设备和动作捕捉设备。例如在公共空间中的数字装置作品，它基于Processing和Kinect的交互墙面，用户可以在屏幕前通过身体的姿势动作与屏幕进行互动。另一个典型案例是缪斯女神事件系列特别展览中的交互装置作品《天体碰撞》(*Celestial Collisions*)。这两件作品都以界面作为数字装置艺术的主要呈现形式。

除了传统的计算机屏幕作为交互的界面，还有以多通道环幕作为交互界面的方式。拥有这种交互界面的数字交互装置作品具有良好的视野环境，作品内容因较大的环幕尺寸而显得更为丰富多彩，包含了更多冲击性或沉浸感，体现出惊人的环境包容感。多通道环幕投影系统是一种沉浸式虚拟仿真显示环境系统，以虚拟战场仿真、数字城市规划或是三维地理模拟信息进行环境仿真，体现了新媒体科技在艺术作品呈现方式上的大胆应用与尝试。另一种界面是球形屏幕，球幕的呈现，相比环幕，能让用户更深层次沉浸在互动作品之中，视觉效果更立体，视域更广，体验更好，被广泛应用于影视行业、展览展示、科普教育等领域。

（二）新兴材料的呈现

数字装置艺术的发展首先离不开持续更新的科技支持，因为科技内涵是数字装置艺术区别于其他艺术形式的重要特征，是数字装置艺术创作的重要材料。数字装置艺术对于技术的依赖明显超越了以往任何一种艺术形式，这不仅体现在创作的过程中，还体现在作品的展示过程中，甚至在对收藏的技术要求中。数字装置艺术就是一种综合各种技术表现手法的艺术形式。自从这种艺术形式崭露头角以后，高科技就在相当程度上左右其发展。新材料的不断出现，使得数字装置作品有了新的生命力。

传统材料与数字交互材料的结合让艺术家们得以创作出栩栩如生的作品。2010年，菲利普·比斯利（Philip Beesley）创作的《生命空间》（*Hylozoic Ground*）在威尼斯建筑双年展上展出。他的作品在加拿大馆中展现出的丙烯塑料触须随风摆动，宛如生命的每一次呼吸。这个装置被形象地称为“生命空间”（图8-1），它被感应器、微型处理器、机械连接装置和过滤器覆盖包围。作品主要以羽毛般的叶脉加上电容传感及具有形状记忆的合金驱动器组成，创建出一座弥漫颤动的“人造森林”，吸引观览者在波光粼粼的“森林”中游历。当观览者游历其中，

图8-1 菲利普·比斯利《生命空间》（2010）[1]

① 图片来自艺术家个人网站：http://www.philipbeesleyarchitect.com/sculptures/0929_Hylozoic_Ground_Venice/.

羽毛般的叶脉会与观览者产生呼吸状的颤动互动。装置可以根据环境移动，并吸收过滤空气中的水分和有机分子。“生命空间”暗示了万物有生命论，这是一个古老的哲学观，强调万物都有生命。设计师想以此将未来城市打造成一个有生命的机体。作品使用了分布式传感器网络推动几十个微处理器同时工作，让羽毛叶脉产生呼吸般的反射微动。控制面板负责周围区域互动控制，而总线控制器则使用传感器来控制整个森林“整体性”互动。整座森林激起参与者探险，经由感官呼吸，体验环境的不安，探索的追踪行动从有机或无机性质最后都回到自然的法则。该作品是件令人叹为观止的互动电子控制装置与动力艺术作品。有人说这件作品是一座数字森林，也有人说这件作品是一个外层空间机器人，让人沉浸其中，产生无限的想象与思考。

依靠科技材料，如传感器、显示器、发光装置等材料的数字装置，艺术作品反馈更为丰富、及时、多样化。《云》（*Cloud*，2008）由麻省理工学院的移动体验实验室的成员奥尔坎·泰尔汉（Orkan Telhan）开发，它是一个互动地标、回应人类行为的公共雕塑。在其三维表面可以显示图形、动画和视频。它使用数百个传感器和15 000多个可单独寻址的光纤维表达背景感知，通过视觉或音频输出回应观众（图8-2）。由碳玻璃修建的《云》雕塑鼓励游客用新的方式去交互、触摸、与信息互动，通过声音、发光与黑暗对比来表达情绪和行为。

在电路板、计算机程序和算法的辅助下，数字装置艺术的材料让艺术家们可以实现自己更富有创造性的设想，将平时不起眼的材料变成具有魔法般的数字装置艺术作品。例如，

图 8-2 奥尔坎·泰尔汉《云》(2008)[①]

envis precisely公司数字装置作品《它不是什么》(*What It Isn't*)(图8-3)创造性地表现出声音在空间中的物理存在。该装置被吊在天花板上,由包含两个小铜圆柱体和一个装有振动马达的狭窄玻璃小瓶的吊坠组成。震动使气缸集体发出声响。在12×37网格上的444个吊坠中,玻璃小瓶、定制加工黄铜环、振动电机、定制电路板通过定制的驱动程序软件、硬件和计算机行为算法来实现交互变化。装置的"行为"和它产生的声音将随着观众所在的位置的不同而发生变化。人类的大脑经过训练,能准确计算出发声物体或生物的位置。声音是我们最有效的发送和处理信号的方式之一。通过响应运动产生的声音,《它不是

① 图片来源:https: //www.orkantelhan.com/the-cloud.

图 8-3　envis precisely《它不是什么》(2014) [①]

什么》引起观众关注周围的生活。该作品浓缩了感官体验,有助于观众实际体验自身在空间中定位。

新材料不仅在物质上为互动装置提供了更多展现和交互的可能性,同时也会给艺术家们提供新的视角,以帮助艺术家们更深层次地思考数字装置的艺术表达和艺术呈现。

(三)声光融合的呈现

声光呈现的数字装置艺术,顾名思义,是以灯光作为表现媒介的艺术,其本身只是一种视觉上的感知,属于物理学的范畴。只有在夜晚或白天光线不够强烈时才能显现出来。它不是一个具象的物体,没有固有的形状、体积、气味等概念。它摸不着,只

① 图片来源:http: //www.envis-precisely.com/.

能看到。但正因为灯光的这种特殊性，可以运用灯、灯产生的光、光产生的影进行艺术创作，把灯光与其他材料和其他形式交叉组合，或者运用自身的特点、光的交错、光与影的结合，达到意想不到的艺术效果。

在声光呈现的数字装置艺术中，“光”变为可填充的容积，而非通常情况下使用的光，它能在空间中弥漫消散，给视觉上带来“扩充感”与“穿透力”。这种“扩充感”与“穿透力”是其他艺术形式所不具备的，这也使声光呈现的数字装置艺术在营造公共空间整体氛围时拥有无与伦比的优势。整体气氛的营造真的那么重要吗？回答当然是肯定的。一件作品如果不能感染到观众，观众怎能从作品中收获深刻的艺术体验？声光呈现的数字装置艺术在气氛渲染上能做到从整体到局部，产生强大的、全方位的感染力，通过视觉、听觉、触觉乃至嗅觉带来的感官印象，使公众与艺术品之间实现各个感官的深度沟通与交流，让公众更加强烈地体验到作品给公众带来的感悟。此类作品由于“光”的特性，使它必须结合一定的空间、形体、色彩等元素来达到其艺术目的。它可以为了适应其他公共艺术形式的需求，进行特殊灯光气氛营造，作为一种特殊辅助，使作品变得更加有趣、更加丰富。它也可以与其他艺术学科相互交叉、相互结合，共同组合成一件综合性的艺术作品。它还可以依靠自身的特性，通过形体和色彩的不同组合，结合特定空间，成为一件独立的声光作品。

在娱乐工业中，声和光的应用往往用来创造欢乐的气氛。这就不得不提起声光数字装置艺术——《近月点》(*Periscopista*)，这款作品成为各种狂欢派对的秘密武器。这是一个带有迷幻星云效果并且在中间有个眼睛样东西的巨型装置。如图8-4所示，它会根据你的动作和声音而调整，你跳舞，它会跟随着你摇摆，如果你尖叫，它也会作出回应。这个装置的设计师是荷兰艺术家赛及·博斯泰克（Thijs Biersteker），他也曾经和创意声音设计团体Amp.Amsterdam共同创作一个能帮你把癌细胞揍死的拳击袋。这个装置把"观众"变成了"创造者"，人群越嗨它也越嗨。

许多数字装置艺术都应用了光和声的和谐共振来构建沉浸的虚拟空间。2015年米兰世博会（Milan Expo）日本馆的一大亮点便是日本团体实验室（teamLab）的最新交互装置《共存》（*HARMONY*）。作品的灵感来源于"日本稻田"，睡莲状的屏幕

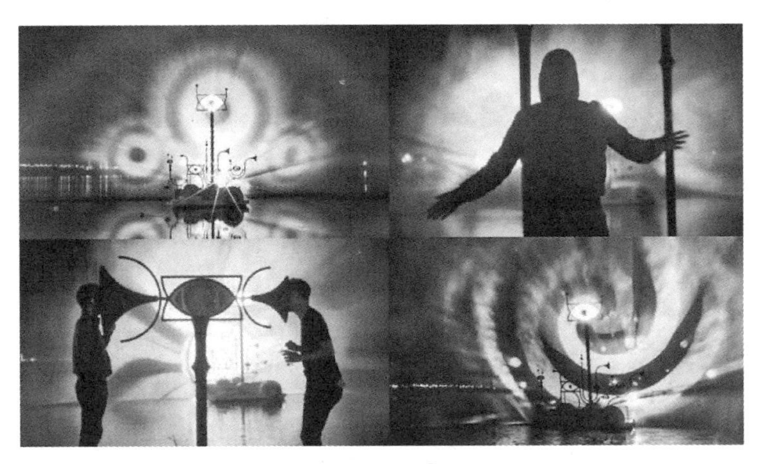

图8-4　赛及·博斯泰克《近月点》（2016）[①]

① 图片来自艺术家个人网站：https://thijsbiersteker.com/periscopista.

上投影映射出一片色彩斑斓的稻田。伴着虫鸣蛙声，绿油油的“水稻”不时摇曳起舞，一大片“锦鲤”跟随着人的步伐缓缓游弋，让人仿佛置身于夏夜的田野中（图8-5）。观众可以徜徉其中，去感受大自然所想要表达的一切。

声光呈现的数字装置艺术本身具有“照明”的自然功能属性，“光”作为表现媒材，只有在昏暗的环境或夜晚才能显现出来，这一属性是不能抹杀的。但具有这一功能特征的声光呈现的数字装置艺术不能简单与普通功能性照明混为一谈，它是超越把光作为照明功能的艺术演绎与诠释，主要是为了适应公共艺术发展的需求，而将灯光作为气氛营造的工具，它赋予公共艺术作品更有趣、更丰富的视觉体验（主要表现在夜晚），装置灯光在这里不是表现的主体，只是一种特殊的辅助功能。

图8-5 日本团队实验室《共存》（2015）[①]

① 图片来源：https: //www.teamlab.art/?submit=HARMONY.

在过去，灯光的自然功能性一直是大众追求的方向，但随着当代科学技术的进步和城市的不断发展，用光对城市进行艺术化演绎，通过声光呈现的数字装置艺术美化城市，提升城市品质形象成为一种国际化潮流。灯光不再仅是照明，而变成了营造城市空间，诠释城市文化内涵，提高城市形象品质的手段。

二　感知与回应：深度参与的交互体验

数字装置艺术正变得愈发具有互动性。其中一些是基于计算机游戏及其设备演变而来的交互。数字装置艺术旨在吸引观众以某种形式参与交互式体验，而这也是美学中的关键元素。人机交互相关问题对于交互艺术的重要性就像色彩之于绘画那样。在体验设计的关注点中，对用户或观众的理解和参与度相关的问题尤其重要。数字装置艺术重点不是任务的分析、完成时间或错误的预防，而是快乐、玩、体验和短暂或长期的参与。在数字装置艺术中，艺术家经常关注艺术品本身如何运转，观众如何与它互动，以及最终参与者体验和参与的程度。从某种意义上说，这些问题一直是艺术家世界的一部分。在数字装置艺术中，它们已经且将持续是明确和突出的需要被关注的问题。因此，我们应该关注人机交互领域中新兴的相关问题，例如对愈加强调的体验设计的关注。

（一）公众的认知

新媒体艺术家在讨论作品的文本时常常在自己的工作优势与数字装置作品中建立契合点。对图像的弱化以及叙述语言功能的剥离，装置作品与行为表演中体现出更多的难以理解的语义内容。对于公众而言，数字装置艺术作品不是单纯的单词、文字组成的书面内容，而是一个展示界面或是操控装置中的叙事方式，但是作品中的文本内容却是电子艺术领域被公认的艺术媒介。集中语义内容的新媒体文献常常是艺术家目光的焦点，为交互行为制定了由不同的事件所引发的互动结果。其所预设的交互过程也许是一个新工作环境或是一种新的阅读方式，这些互动结果被安设在大剧院、户外广告、移动媒体终端、公共媒体中。公共装置的工作站点与位置主要以显示与可见的界面为主，包括第三维度空间的作品，即"真实"空间(而非虚拟空间)、基于物质介质的数字文本作品、认知体验作品(即以用户的身体作为事件的阅读界面)。

对数字装置艺术中观念内涵的解读，是作家或评论家对于某些艺术事件的认识的体现。每一种文本都体现了一种新的阅读角度和阅读思路。观念的领域涉及创作的过程、展示的知识、异想的思维和实现的手段。推广的平台则包括影院环境、电脑展示、户外广告、公众阅读，每种方式都可能是观念体现的一部分，同时也是形式表现的一部分。数字装置艺术作品《碎片的故事》(*Fragmented Stories*)是以"支离破碎"不规则的三角形的屏幕组合而成。如图8-6所示，用户站在装置前，传感器可以捕捉到人的身体姿势，随之让观众与屏幕进行互动。在该装置中，每一块三角屏幕的内容都不一样，传感器捕捉用户的轮廓，用户触发到哪个三角区域，该区域就播放相应的动效。

图 8-6 《碎片的故事》(2013)[①]

作品《手机迪斯科》(*Cell Phone Disco*)借助了人类日常打电话的习惯来促进观众对该装置内涵的认知。这款作品由闪光格组成，是运用手机电磁场可视化的一件作品(图8-7)。这些闪光格子由一个或多个LED灯、电池以及监测手机电磁辐射的传感器组成。只要传感器探测到电磁波，它就会让LED灯闪动几秒钟。当你在装置附近拨打或接听电话时数千个灯光照亮。带有高灵敏度传感器的格子可以在大约一米的范围内探测到手机的电磁辐射，手机周围的闪光格就会出现一圈光晕。当参观者边走边用手机通话时，光晕会幻化为空间中的一道光影并一直追随观众的移动路线，而灵敏度较低的格子会形成一张画布。LED灯只有在电磁辐射源及其靠近的时候才被激活。在靠近格子的地方移动手机会留下一道光的痕迹，好似一幅电磁辐射的绘画作品。成千上万的传感器被纳入装置中探测手机

① 图片来源：https: //glowingbulbs.com/project/fragmented-stories/.

图 8-7 《手机迪斯科》(2006)[①]

的电磁辐射。每个传感器都设置对应一个LED灯,当通过GSM网络捕捉到附近的传输频率时,LED灯就闪烁起来。由于每个传感器是独立的,它们被高密度地应用在装置中,因此装置具有实时显示高分辨率电磁场图像的能力。它犹如一面镜子,揭示了场地的实际形状,让我们目击了信息的传输动态。艺术家并没有给辐射贴上好或坏的标签,手机本身是物理的和自然的,这是该装置的本质部分。作品只是提供了一个平时忽视了的感觉,创造机会让观众来见证它。它由观众自己选择立场。体验闪烁的红灯可能是有趣的或令人不安的,手机电磁体可视化也可能让人忧虑或纯粹迷恋。在人类感官对环境的感知方面,《手机迪斯科》是一份无形财产,它揭示了移动电话的通信本质。

① 图片来源: http: //www.cellphonedisco.org/.

与《手机迪斯科》略微不同，艺术家刘洋创作的数字装置艺术作品《青岛的梦》则是借用了日常生活的物品——啤酒瓶。该作品用17 000多个啤酒瓶作为基本元素，以模块化的方式组合，形成了青岛地图形态的啤酒森林（图8-8）。人们可以走进作品中与作品互动，感受光影的变化。作品希望通过“啤酒”这

图8-8　刘洋《青岛的梦》（2017）[①]

① 图片来源：http: //dancewithlight.com.cn/view/14.

种人们特别熟知的元素，以动态光影的形式，创造一种微醺的漂浮感，与青岛飞速发展的城市化进程形成虚与实的对比，关注和探讨“日常”的另一种存在状态。作为出色的数字装置艺术品，该作品极其适用在开放式公共空间中展陈。

另一款《云》(*Cloud*)由加拿大卡尔加里艺术家凯特林德·布朗(Caitlind Brown)设计，用灯泡模拟了日常生活中的自然现象(图8-9)。这款作品是一个原比例的互动装置，公众可以站在装置旁将上面的灯泡拿下来或安装上去，这种互动行为创造了一个由灯光组成的巨大云朵。艺术家使用钢铁、金属拉绳、6 000多个亮灯泡和烧坏的灯泡来制作这件作品。这个设

图8-9　凯特林德·布朗《云》(2008)[①]

① 图片来源：https: //incandescentcloud.com/aboutcloud/.

计对废置材料进行了重新构想，用一种不同的艺术视角来处理过剩的材料。

同样借助自然之物来促进观众对数字装置艺术认知的还有卡米尔·阿特巴克（Camille Utterback）设计的《枝繁叶茂》（*Flourish*）（图8-10）。《枝繁叶茂》是一个70英尺（约21.3米）长的特定场域艺术（site-specific art）作品。作品投影在多层定制的玻璃和喷砂玻璃上，是一件具有独特呈现形式的交互艺术作品。“枝繁叶茂”由双层5英尺×8英尺（约1.5米×2.4米）的玻璃面板构成，其中3块可以与观众互动。当观看者步行从交互式面板前走过，头顶上的摄像机捕捉到观看者的行为，让大片的颜色跟踪每个人。玻璃上的投影设计显示了观众

图8-10　卡米尔·阿特巴克《枝繁叶茂》（2013）[①]

① 图片来源：http: //camilleutterback.com/projects/flourish/.

的存在和位置，并且颜色横跨背景飞溅飘溢，被释放的叶片好似漂浮在风中。每当人走过时，一棵树就长出叶子。《枝繁叶茂》借用线性流动、生机勃勃的旋涡状花纹，形象化地暗喻生命、创新和生长的意义。为了创作玻璃面板作品，卡米尔·阿特巴克和慕尼黑的玻璃制造者弗朗兹·梅耶（Franz Meyer）开展了深入的合作。他们用多色玻璃面板制作该作品，包含虹彩、不透明、半透明和喷砂的区域，产生分层和感性面，这使投射的光反射或结合玻璃的使用方式有所不同。双层玻璃使得投影产生实际的物理深度，从而允许在前面或后面设置单独的投影元件，这取决于该玻璃层捕获的光的多少。半透明区域可以呈现出不同的效果，类似于彩色玻璃，其中投射蓝色的光线透过半透明的黄色区域，呈现出绿色的光亮，表达环保的理念。作品利用光线和物质材料这一复杂的分层，调整我们的视觉，丰富地展现玻璃的深度和颜色的细微之处。

数字装置艺术的观念贯穿艺术创作过程的始末，传统意义上的艺术实物被弱化，取而代之的是纪实、计划、事件、信息。对于新媒体信息化的观念阐释使受众在面对数字装置艺术时进入一种语言学的环境。观念内涵在数字交互装置艺术中蔓延开来，与各类艺术形态相结合，衍生了大量陌生、变化的作品。扎菲尔·比勒达（Zafer Bildad）通过研究参与过程的模型发现，参与模式从无意的行动转变为有意的行动，可以进一步导致控制感。在一些作品中，他进行更多的探索和继续不确定性的模式。到目前为止，比勒达已经确定了4个相互作用阶段：适应、学习、预期和更深入的理解。

适应：参与者适应环境的变化，学习如何控制行为以及如何设置期望。这个阶段充满不确定性，经常从非预期的行动模式发展到故意的行动模式。

学习：参与者开始制定系统做什么的内在活动或心理模型。这也意味着他们在发展（和改变）期望、情绪、行为以及内部记忆和信念。在这个阶段，参与者与系统进行交流，并探索和实验来自系统的触发和反馈之间的关系。他们对如何发起某些反馈和积累交流产生期望，该阶段可以从故意动作模式发展为预期/控制模式。

预期：在这个阶段，参与者可以预测互动。与前面描述的阶段相比，他们的意图更加直接。该阶段可以从故意动作模式发展为预期/在控制模式。

更深入的理解：参与者可以更全面地了解艺术品以及自身与艺术品的关系。在这个阶段，参与者在更高的概念层面进行判断和评估。因此，他们可能发现之前没有注意到的新方面。该阶段可以从预期/在控制模式发展到预期/不确定模式。

艺术在提升观者审美和给予享受的同时更要给人以更深层次的思考、感悟和新的认知。互动环节的设置如果新鲜有趣，用户会在猎奇心理作用的驱使下，去完成不同环节的探索和挑战，最终接受艺术家想要表达的思想。各互动环节在设置上应遵循交互流畅、环节紧扣、引人入胜、循序渐进的原则；流程不宜烦琐，应由浅入深、逐层展开，引导用户的“探索”行为。[①]数

① 李淳，陶晋，李亚萍.基于品牌形象塑造的交互广告设计策略分析[J].包装工程，2016，37(6)：21-24，66.

字交互装置艺术的观念内涵伴随着声、光、电的炫目外观被隐藏得很深,在多种信息语言的并存下,折射出对于宏大叙事的削弱与生活碎片化的记录,在顺应瞬息万变的时代前端,进行关于人类思考的尝试。数字装置艺术的观念内涵体现了作品深层精神与思想。

(二)虚拟情境营造

情境艺术的营造体现在数字形式的空间化构成。数字内容、物态内容和观念内涵在此整合,在一种虚拟的氛围下进行叙述。将艺术方案中的音乐、语言、声音、技术、媒体、政治、社会问题与概念作为视觉的根源。此时,多种媒材融为一体,电视和录像、多媒体与技术构成、绘画、素描、行为、装置用表现的方式扩大了艺术的边界,改变了艺术的语言、内涵和实施方式。此类语言形式多元、跳跃、空灵。

在许多关于艺术和情感的调查中,情感表达是非常迅速的,情绪可以被编码,然后成功地传达了艺术家的思想。然而,不能指望情绪可以包涵所有的艺术体验。一件艺术品表达的是艺术家的情感,但同样,也有许多艺术品也不寻求特定的情绪交流。欣赏艺术可以体验各种各样的特殊的情绪,而且有许多其他的体验类型,比如有意识的思考或记忆回溯。所以,情感只提供一个艺术的评价角度,也是一个值得研究的重要角度。

虚拟的情境艺术激发了人类最原始的情感,这种情感来源于人类纯真的想象。艺术家多米尼克·哈里斯(Dominic Harris)和来自伦敦的一家擅长光影互动装置艺术的知名工作室Cinimod Studio共同制作了名为“Ice Angel”的冰之天使互动艺术装置作品，该作品正是利用了观众小时候对冰雪世界的美好想象。小时候大家都喜欢在雪地上画一个天使，《冰天使》（*Ice Angel*）正是于此获得了创意灵感。该数字装置是人类美好想象与自然美妙事物的交叉与创新结合。每一个人心中都有一个关于天使的美好想象，正如灯光与现代科技的结合所创造出的奇妙流光溢彩一般，如此新颖而美丽。该作品要让人们在迷惘与失去信仰的绝望中清楚地看到，天使真实存在于自己身体之内。

同时，该作品表达了一个核心理念：人人都拥有天使的一面，人人都是天使。该装置就是要让你看到自己天使的那一面。体验者只需要站在装置前，就可以化身为精灵般带着双翼的天使。该装置具有动作捕捉和记忆的功能，当人们在装置前展开双臂，做上下如挥舞翅膀般的动作，该装置就可以实时捕捉到用户的动作轨迹，LED灯会自动呈现出一双翅膀的样子，与你的双臂一同摆动挥舞。体验者可以亲眼看到自己成为舞动翅膀的天使。该装置外形体积为2.7立方米，长2.7米、宽0.01米的LED灯墙（图8-11），由镭射激光切割而成的金属边框组成。LED灯墙外覆盖着磨砂亚克力材质的表面。灯墙前方有一块镜面底座，体验者在欣赏过程中站在该底座上面对灯墙，可以更好地提升体验者与LED灯墙的交互感与视觉欣赏的舒适度。用户站立的底座内有一个生物芯片传感器，可以记录跟踪用户的动作角度与整体体态数据，该传感器通过摄像头把数据直接传输给内置于灯墙内用于控制LED灯光流动显示的计算机，从

图 8-11　多米尼克·哈里斯《冰天使》(2012) [①]

而实现了LED灯的记忆功能。

虚拟情境艺术还激发了人类情感中崇尚快乐的元素，通过快乐的元素来促进人们思考被日常忙碌生活忽视了的重要情感。例如，法国AADN团队集体创作的作品《站着的人》(*Les Hommes Debout*)就是一款利用虚拟情境艺术带给观众以舞蹈和快乐的数字装置艺术。每年的12月8日，里昂市都会举办灯光艺术节，很多街区彻夜灯火通明。《站着的人》在2009年的里昂灯光艺术节期间第一次展出。自从首次展出以来，这一装置艺术作品便在很多公共场所、艺术节和展厅里进行展出。《站着的人》处在人类学思考和地方记忆表达这两种形式之间，通过装置的参与设计，该作品成为表达意义的平台。荧光模特的大小和外形都和真人一样，艺术家想以此对观众和作品之间

① 图片来源：https: //www.dominicharris.com/artworks/ice-angel.

的关系进行探索。这是一种互动中装置会发出闪光、回声、颜色变化的游戏。模特以不同形式，在不同程度上以出人意料的方式对路过的观众作出反应，从而将整个装置变成了一种第三类的灯光舞蹈。

当然，更多的数字装置艺术倾向于让观众在交互中思考，而非舞动起来感受快乐。西蒙·马克森（Simon Marxen）的交互式装置作品《数字！》（*Digitalt!*）坐落在哥本哈根主图书馆内。该装置的焦点在于扩展沉浸式数字化环境下真实房间的概念。这种设想是在屏幕前面的交互区域内实现的，它允许参与者从不同的角度查看数字环境，因而，从某种程度上来看，作品给人的印象是屏幕后面的空间是对现实生活景象的回应。在交互过程中对生活的反思正是虚拟艺术创作的目的，虚拟情境让交互更为逼真，激发了观众更多的联想，带来的感受更为深刻。

另一款典型案例来自卡瓦咖·德米特里（Kawarga Dmitry）和埃琳娜（Elena）的作品《系统与非适配器中的摔跤》（*Down with Wrestlers with Systems and Mental Nonadapters*）。他们创作了一台跑步机装置，使得体验者可以为运动设定一个“社会机制”，这个“社会机制”使体验者成为该装置的主控者。装置的运动机制以及数据的设定都是由体验者自己的运动速度来决定，其结果是体验一种分裂的意识：是社会选择了我们，还是我们创造这样的奴役机制呢？冲着麦克风背诵达达宣言，可以使装置振动然后就有一系列数字呈现在屏幕之上。这款作品的虚拟情境来自真实的跑步机，说它为虚拟可能不够确切，他们用真实的跑步体验来创造屏幕上的虚拟情境，带来的错位感和交互认知使得观众在真实运动的同时，思考虚拟情境中的数据反馈。

迈克·博尔顿（Mike Bolton）的交互装置作品《水板》（*The Waterboard*）也是来自真实动作和虚拟情境反馈的错位认知。博尔顿给用户提供了一个玩水而不被弄湿的体验机会。使用新鲜、清洁的水是人类维持健康生活的一个最重要方面，但是并非每个人都懂得我们世界的水供应是如何连接的。博尔顿创造的《水板》用一种新奇和有趣的方式教育人们关于水的问题。《水板》是一个没有压力的交互式学习工具。你可以走近这个装置玩水，却一点也不会被弄湿。该作品由一块不透明的大板、四台摄像机和四台投影机组成。投影机和摄像机追踪人在水板上的活动和用干擦笔所做的记号。虚拟的水从水板顶部流淌下来，用户与虚拟水互动，从而改变水流的方向。用户绘出的标记会改变水的流向，如在白板上画线、靠着板子站在水流下或者捧起双手也可以改变水流方向。杯形的双手或者绘出的器皿可以形成水池，抽象的生命形态就会出现在水池里并快活地游来游去。如果切断水的供应，池中的水不再流动，就会变得浑浊。这个装置的目的在于它使体验者想起世界上的供水是如何连接的，保持世界水道清洁是多么重要。

更为大型的数字装置艺术也利用了真实情境和虚拟情境的交互融合。例如，2017年在位于加拿大安大略省金斯顿市（Kingston）的亨利古堡，“片刻工厂”（Moment Factory）创作团队打造了一场独特的冬季主题互动灯光秀（图8-12）。在这里你可以尽情地施展自己的魔法，游客可以对着麦克风尽情歌

图 8-12　片刻工厂“亨利古堡冬季主题互动灯光秀”(2017)[①]

唱,用自己的声音唤醒各种多彩的精灵,看它们随着你的声音舞动变化。观众还可以拿起地上的“小金球”,向对面的墙上扔去,留下斑驳的痕迹,触发悦耳的声音。当你漫步在亨利古堡中时,会发现墙面上随着你的脚步,渐渐出现一些神奇的动物。这些以该地区不同种类的、神话传说中的动物为元素,为游客们带来一段神秘的、梦幻的艺术长廊之旅。在寒冷的冬季与家人或是伙伴们相约在亨利古堡,在这样一场别出心裁的灯光秀中感知彼此,相信会是一次备感温暖的活动。

还有如“光之旅团队”(Travesias de Luz)为2012年里昂光明节(la fête des lumières)设计的互动装置——《浮灯》(*Floating Lights*)。这个装置将灯光的概念转化成城市空间中的游戏,让

① 图片来源: https: //momentfactory.com/work/all/all/lumina-borealis.

各个年龄层的公众都能参与这个以灯光和色彩为基础的互动系统中。装置使用了两块10米×3米的低分辨率屏幕，它们由100个圆形彩色灯管组成，每个灯管中心有一个转换开关。参观者可以触摸这些彩灯，随心所欲地点亮或熄灭它们，还可以将装置上充满创意的留言、文字和图片带走。

艺术的主要内容是意蕴。从再现维度看，意蕴是社会群体及其成员所经历的事件、所获得的经验；从表现维度看，意蕴是社会群体及其成员对待所经历的事件的态度、基于所获得经验的思考；从创新维度看，意蕴是社会群体及其成员在文化积淀基础上所进行的创造。[①]对于艺术家来说，观众的体验或感受是艺术作品的关键因素。因此越来越多的作品在互动数字艺术领域展开研究。这使得艺术的研究推向人机交互领域，即“体验设计”方面知识的边界也就不足为奇了。

（三）沉浸式对话

沉浸性要求我们尽可能充分利用我们的全部感受器，交互性要求全方位地运用我们的效应器，想象性要求尽可能发挥我们处理器（神经中枢）的能力。数字装置艺术应用的另一种呈现形式是沉浸互动式。与界面式互动不同的是，沉浸式的交互装置艺术主要是在一些公共的展示空间，比如博物馆、艺术展览馆等。根据展会的主题营造出一个特定互动环境，让参观者从

① 黄鸣奋.口袋妖怪：新媒体与艺术形态的变革[J].文艺争鸣，2016（11）：59-65.

多种感官方面沉浸在展会所营造的环境和氛围中，是一种“环境体验”的互动模式。在这种沉浸式的互动中，利用多种感应装置来收集捕捉人们的动作，比如语音、姿势、表情、手写，以及人们的多种感觉，比如表情、声音、眼神、嗅觉、味觉等，来感应参观者对展会信息的反应、接受、理解的情况。另外，在互动中，还可以利用各种多媒体装置，如音响、灯光、动画等用多种形式来与参观者进行互动。总的来说，沉浸互动式的交互装置艺术是一种集多媒体、多通道、多层次为一体的环境感受型的互动模式。

观众的体验是作品不可或缺的部分，所以数字装置艺术又被称为观众与作品之间的“沉浸式对话”，用沉浸式的环境与交流方式吸引观众与媒体的互动。数字装置的三维空间属性给了装置艺术无限拓展的可能性。二维影像并不能涵指数字装置，它是数字装置艺术的一部分。沉浸式交互作品设置在“虚拟展厅”或者较为封闭的交互艺术空间内，以便产生更完美的沉浸体验效果。这种类似于电影院的“沉浸空间”可以使观众更易于集中注意力在艺术对象本身，并减少操作的随意性或失误。此外，这种设计也有利于电子屏幕、声光电效果或其他模拟自然环境的效果，无干扰地反馈给观众，由此达到最佳的观展体验效果。例如，服装品牌COS在米兰设计周亮相，这家服装公司创造性地邀请了日本建筑师藤本壮介（Sou Fujimoto）为品牌设计了一场沉浸式装置展“光之森林”（Forest of Light）。装置设置在一座建于20世纪30年代的电影艺术厅中，设计师利用动态声光设备与黑暗空间中灯具发射的圆锥状光线相配合；此外，灯光还能够与参观者的动作进行互动,探索了交互作用和透视的概念。

沉浸互动式数字装置艺术作品追求的是在沉浸感和浸没感之中完成观者对产品的理解和互动。在沉浸式的互动模式中,在相对封闭性的"沉浸空间"里,互动作品可以通过多媒体电子设备、声电光感应装置来模拟营造出一个特定的作品主题环境,渲染出一个特定的氛围,这样不仅可以让参观者在互动的过程中更加集中注意力于作品上,而且可以让参观者在这个主题环境中能够更容易产生情感的体验和共鸣,更好地理解作品,得到更真实、更丰富的感官体验。这种沉浸式的互动模式最明显的优点是能够使参观者消除对陌生事物的排斥心理,在一种无意识的情况下理解艺术作品。而且在互动的过程中,能够在循序渐进的模式中引导参观者自然而然进入展会设定的环境氛围中,让参观者的互动体验和整个过程的心境都保持完整性和连续性。

在王耀邦、陈敏佳、程纪皓的作品《UP TO 3742 台湾屋脊上》中,观众体验在众多环绕的屏幕中感知,专注行走,在高山中思考。柔软的松针,首先激发观众的触觉,光将台湾的南湖群峰织成了网,仿佛可以嗅到山林的泥土气息。进入主展区,往山里去,探寻自己,与山对话,超越视界,让身体带着你发现观看的方式与真实的生活,放大感知,像山一样思考。8个子主题延伸出参展人与山交换的讯息,那些关于山的信息,在影像与文字间渲染,构筑出的展台,像东峰裂解的岩片,如翼挺拔。鞍部峡谷的霞光,3 742米高海拔的苍劲与静谧,章回小说式纪录片一般的叙事，使之成为最吸引人的剧情。人们的足迹伴随着过去的时光，从山里采集的，在心里留下的，成为展览的内容。

德国当代艺术工作室“随机国际”（Random International）邀请游客体验“控制下雨”的沉浸式互动装置也使观众置身于“暗箱”之中（图8-13）。你可以是一个旁观者，也可以参与其中体验一下不会湿身的倾盆大雨。该作品是以一系列数字三维地图为依据而创作的，摄影机以观众身体所在位置为基准进行控制，将此数据转化为一个25厘米×25厘米的像素网格面板，其中每个控件控制9个出口，共释放出 2 500升水，下雨的速度达到每分钟1 000升，这些水是经过过滤处理进行回收再利用

图8-13　随机国际《雨屋》①

① 图片来源：https: //www.random-international.com/rain-room-2012.

的。观众要通过一个黑暗的走廊伴随着雨声，进入一个灯火通明的下雨的房间，落雨装置对于体验者的出现、运动可以作出十分敏锐的反应，这样即使体验者在降水的情况下穿过雨水，也不用担心被淋湿。作品邀请观众扮演装置环境中的角色，探索科学、技术和人类的智慧。"雨屋" 成为一个精心设计的有着瓢泼大雨环境的数字艺术装置——这是一个里程碑式的作品，作品鼓励人们在一个充满惊喜和意外的舞台上成为表演者，同时也创造了一个私密亲切的气氛。

本质上，虚拟现实无论过去还是现在都具有一定的沉浸性。奥利弗·格劳（Oliver Grau）通过视觉体验的虚拟现实，使观众与外部视觉完全隔离，遵从一定的比例和颜色的和谐规则，将真实空间的视角扩展到幻觉空间，利用非直线光效果来使其看起来更加真实。其目的是建立一个虚幻世界，营造一个整体的影像空间，通过时间和空间的统一，使观看者感觉自己完全置身于这一虚幻世界中，这样将交互装置中的沉浸感展现得淋漓尽致。由于图像媒介可以采用对感知介入以及通过组织和构建感知、认知的方式来进行描述，所以虚拟沉浸空间应当被列为图像媒体的极端异体。由于它们的完整性，这种极端异体提供了一种完全可能的现实。一方面，它们为设计者 "兼收并蓄" 创造了可能；另一方面，通过其完整性，它们为观众提供了与影像媒介融合的选择，这种选择影响了感觉和认知。

三　超越物性：艺术审美及精神生活得到提升

交互体验的形式就是通过体验在艺术家与观众之间建立起

一座沟通的桥梁，是交互传播的系统化提升，也是艺术传播的新手段。交互体验在艺术品传播的过程中具有举足轻重的价值，主要可归纳为以下五点：第一，就艺术作品宣传力度而言，交互体验形式比传统的体验模式更有说服力。在传统的体验形式中，参观者只是作为服务对象被动地接受艺术家传播的信息，参观者很难得到心理、情感上的满足。与之相比，交互体验形式将数字装置艺术与参观者联系起来。体验过程中，参观者由过去被动的选择转变为现在的自主式互动。第二，就数字作品宣传方式来说，交互体验形式带给参观者的是一种不同以往的联想方式。交互体验的过程不再强调内涵，而转为注重作品本身的属性、内容，参与者注意的重点会由内涵转移到花在体验该作品的时光和内心兴奋、愉悦的感受上。随着体验过程的深入，参与者会改变对作品的态度，其行为也会随之发生改变。交互体验形式通过改变联想方式的办法可以给艺术家带来丰厚的回报。第三，从作品资产增加的角度来说，交互体验形式是增加作品附加值的最好方法。体验传播的过程呈现给参观者的不只是作品，而是更多使用感受、情感触动、思考感悟，是一系列附加在作品之上的心理体悟，给予参观者更多期望和满足。第四，从作品检验的角度来说，交互体验形式也是检验作品质量的试金石。一个人如果想要有所提高，首先要找到自身的不足之处。一个作品要成长，需要接受来自各方面的检验，听取来自作品受众和外界的意见。作品体验的过程最容易出现问题，也最容易发现问题。交互体验形式就是检验作品最快、最有效的方法，是检验作品的试金石。第五，从作品形式角度来说，交互体验形式是参观者与艺术家双赢的最佳形式。体验的过程是参观者深度参与的过程,可以拉近艺术家与参观者之间的距离。

(一)艺术的沉浸式审美

艺术反映了我们的社会生活。社会生活是艺术得以出现和发展的基础,而社会生活的主体就是人。数字交互装置艺术创作主体的艺术体验、艺术构想与艺术传达造就了数字交互装置艺术的作品面貌,它是以人类知觉感受为前提的,艺术形态是创作主体赋予作品观念、内涵与形式所建构的审美方式。数字交互装置艺术作为物质结构和非物质内容的综合体,是各种词汇、图像、声音、体积、颜色、动作的组合,以具有空间特征、时间特征或时空一体特征的对象出现,并存在于人们的知觉面前,因而具有丰富的感官艺术形态。数字交互装置艺术的审美方式与艺术形态相辅相成,它包括创作主体预设的审美呈现方式和受众的审美接受方式。因此,数字交互装置艺术的审美方式不可能独立于艺术形态存在。

日本团体实验室(teamLab)的作品一直以唯美的艺术享受著称。《漂浮花园》(*Floating Flower Garden*)是由其于2015年打造的数字装置,它展现了一座"漂浮花园"——花朵与观众同根同源,花园与观众合为一体(图8-14)。该交互式漂浮花园位于日本东京科学未来馆。在这里你可以沉浸在科学和创新的氛围之中,沉浸在植物生命的动态迷宫中。超过2 300株悬挂的鲜花盛开在这个巨大的纯白空间内。你可以在漫天精致的粉红色花瓣和郁郁葱葱的绿色植物中触摸花海。最神奇的是,每朵

图 8-14　日本团体实验室《漂浮花园》(2015)[①]

花都有一只昆虫伙伴，昆虫活跃的时候，花香会变浓烈，因此空气中有花的香味，暗香浮动，一日之内，一园之间，早晚不同。设计者希望通过这一装置，让参观者体验到这座“漂浮花园”的互动与宁静之美。

日本团体实验室在法国巴黎举办了他们的最新展览“无边界世界”(Beyond the Limits)。整个展厅占地2 000平方米，观众在进入这个展厅开始就将通过各式的互动元素浸入其中，融入作品之中，人和作品之间的界限也会变得模糊不清，以此不断探索人自身和外部世界没有界限的新关系。整个展览的边界是不确定的，作品与作品之间也会交流，从各自的展示空间移动，也会根据场所形状转变成合适的形式。

凡·高在《星月夜》中实现了前所未有的油画艺术表现手

① 图片来源：https: //art.team-lab.cn/zh-hant/w/ffgarden/.

法。在完成这部作品不久后，这位天才就自杀身亡，又使这部神作带上了一丝神秘色彩。为了致敬大师，精于虚拟现实技术（Virtual Reality，VR）的创作团队——幻维数码，克服了技术上的巨大障碍，在VR中创造了一个属于星月夜的奇妙世界，让凡·高笔下仿似流动的线条，真的流动起来。每次新技术的出现都会推动艺术形式的变革，幻维数码制作这部VR版本《星月夜》，不是仅仅搞个噱头，而是“老瓶装新酒”，用新技术创造一种全新的艺术观看模式，给予艺术品更深层次的价值，这才是这部VR版《星月夜》最重要的意义。

在数字虚拟世界中创造、复刻艺术作品可以不受环境的限制，而在现实世界中创造数字装置艺术作品想要体现其艺术性，则要考虑从观众观看的视角来设计和创作。以珍·勒温（Jen Lewin）创作的《池塘》这一杰作为例（图8-15），她的作品放置在里斯本科伦坡购物中心的临时展览空间，由大约2万

图8-15　珍·勒温《池塘》（2015）[①]

① 图片来源：https: //elementemagazine.com/and-after-all-its-your-wonderwall/.

条黑白织物建成。这个临时博物馆呈现出一种抽象的外观，黑色织物覆盖整个表面，随着气流摆动。圆柱形空间试图突出这件暴露于外的艺术品的中心位置。空间设计在这件作品中呈现出了它的重要性。该装置放弃主入口，转而采用沿着装置空间整个外围的可穿透表面来消除入口，增强作品的体验感。通过利用参观者想要探索一个从外部不完全可见空间的意愿，迷墙试图创造一个拟真空间，提升参观者对进入空间的意愿。同时，放弃物理屏障的使用，在空间的分配中要求参观者自由活动，使他们能够与勒温的作品互动。从外部向里看，能见到彩色光线从里面持续透出来；从里面看，能看见从外面照射进来的连续光线。展览空间向外覆盖，呈现为一张大的圆形织物屏幕，突出了使这个穹顶形空间独树一帜的手工工序，呈现出一种独特的织物质地。远离了购物中心的明亮光线，展览空间的内部是一个全白色穹顶，这一巨大穹顶的表面反射鲜艳变化的色彩，突出《池塘》这一作品的主题和特色。这种颜色的变化正是这件交互式发光艺术品的独特性所在。同时，材料的一致和空间参照物的缺失，使参观者一时之间迷失在那个五光十色的奇妙空间内。

从美学的角度来看，数字装置艺术所蕴含的审美方式与形态样式紧密相关，因形态的差异而在审美认识、审美理念、审美表现方面自成一体，在新媒体技术的不断提升过程中，每种形态所呈现的审美样式有着不断自我完善的发展趋势。

（二）融入生活艺术感受

经过源起与发展的短暂历程，数字交互装置艺术实践范畴已基本形成。在30多年的发展历程中，数字装置艺术在装置艺术的基础上运用了大量的新媒体技术，艺术作品呈现更为多元的面貌，并逐渐形成了以实验为核心的实践范畴。在新媒体技术应用的不断尝试中，具体化的观众感知成为一种既定的概念，促进了数字交互装置艺术实践范畴的形成。重组，即有意图地对中心角色进行检验，与媒体实践领域内理想主义、超现实主义以及自动化主义有所关联，并与非线性重组及解构审美密不可分；消解，即当代数字交互装置艺术中对创作身份的消解；沉浸，即装置作品在空间层面的拓展，将作品的领地转化为一种可进入的开放空间，并将这种空间的审美延伸到合乎逻辑的程度；互动，即受众的参与以及由此引发的创新行为使得作品具有了更多的可读性，通过这个动态的方式提升媒体作品自身的价值。

手机已经是我们生活中不可缺少的一部分，甚至可以被看作是身体的延伸。奥尔坎·泰尔汉（Orkan Telhan）的交互作品《异议的统一色彩》（*United Colors of Dissent*）是一款基于数据驱动的装置作品（图8-16），通过使用体验者的手机和公共显示器进行即时的公共现场互动体验。体验者将直接面对一系列的问题，这些问题以他们首选语言，基于网络投选的界面出现在他们的手机上。针对每一个问题，作品都将根据答案的特征建立实时的图形，并在手机和公众显示器上显示。这个活动旨在绘制出可能会存在的偏见、猜想的可视化图形，来捕捉城市环境下不同社区的语言和社会文化概况。该作品基于“连接的城市”这个网络的目的是建立一个媒体立面、城市屏幕和投影点，打造一个传播艺术和社会内容的框架，将作品融入实际生活和

图 8-16　奥尔坎·泰尔汉《异议的统一色彩》(2013) [①]

城市环境中,装点城市生活。身体的延伸——手机,改变了人们生活的环境——城市,在这些艺术家的手中,将艺术融入生活正在成为现实。

在人们日常的娱乐生活中,常常也能见到数字装置艺术的身影,它们大大丰富了人们的娱乐感受。在纽约市新开张的Up & Down夜总会内安装了一个大型互动灯光装置,占据了整个俱乐部的空间,这个名为“BOOM”的装置是studioBRAD的最新作品,超过1 000个倒置悬挂着的玻璃金字塔内安装着可以变换1 680万种颜色和图案的LED灯光设备,所有颜色的变化与效果通过电脑的编程,能够跟夜总会内的音乐相呼应,在人们

① 图片来源:https: //www.orkantelhan.com/ucod.

尽情玩乐的同时感受着千万种色彩的变化，着实是一种更加尽兴的体验。有机玻璃构造的“金字塔”都是手工打磨过的，晶莹剔透，便于透光，每个金字塔内包含4个独立的LED灯阵列，连接到自定义的电子设备，使每个金字塔都被特定的颜色所覆盖，并且能根据观看者的不同角度呈现出不同的模式。这种模式改变了整个俱乐部的体验，是一种大胆的挑战和创新。

还有如马特·内夫（Matt Neff）和奥尔坎·泰尔汉的作品《区块》（*The Eventual*）是将传统的丝网印刷技术与合成生物学相结合的一种创新作品（图8-17）。这件作品融入生活的方式是将数字装置艺术作为盆栽一般融入普通人的生活。它被设计

图8-17 马特·内夫、奥尔坎·泰尔汉《区块》（2014）[①]

① 图片来源：https: //www.orkantelhan.com/eventual.

成为一个通过细菌来培养的微生物电池，进而产生的电可以使得油墨印刷的图片发光长大。这个“区块”享受着丰富的土壤，细菌可以在电池的电极处形成生物膜从而产生电。当电力变得足够大的时候，它开始通过电力印刷图像，使其闪烁发光。

艺术融入生活更为重要的表现是观众成为艺术的一部分。《观众》是由随机国际设想出来并与克里斯·奥-谢（Chris O'Shea）一起策划完成的（图8-18）。这个装置一开始是委托编舞家韦恩·麦克格雷戈（Wayne McGregor）为2008年9月伦敦皇家剧院的“德勤点燃节”（Deloitte Ignite Festival）编排创作的，随后又在2009年迈阿密巴塞尔展出。一旦体验者进入“观众”的边界之内，镜子群就会去选择一个单独且比较独特的观众，然后好奇似的转向这位体验者，被选中的观众可以在每一

图8-18　随机国际、克里斯·奥-谢《观众》（2008）①

① 图片来源：http: //www.chrisoshea.org/audience/gallery.

面镜子中看到自己的镜像，这样体验者就成为这个装置的主体了。而其他的观众则在试图去吸引装置的注意力，尝试着转变角色以及扭转装置的视角。

更为显著的作品来自设置在公关空间中的数字装置艺术，路人的驻足和关注也成为艺术融入生活的表现。丹麦著名建筑事务所BIG联手时代广场联盟，通过一个心形的互动装置共同庆祝情人节的到来，装置吸引游客前来触摸以焕发生机。这个名为“BIG ♥ NYC”的装置高10英尺（约3米），闪闪发光的心包含400个由奥地利灯具公司赞助的透明的LED丙烯酸塑料管，透明的塑料管折射时代广场上的光，创造出围绕心形的一圈光晕。随着塑料管在风中摇曳，悬浮的心呈现出脉动的感觉。当人们触摸这个心形的感应装置时，它会变得更亮，跳动得更快，这是因为人的能量被转化成更多的光，人们的参与使得艺术作品得以呈现，融入生活的艺术才成为艺术。

数字装置艺术的参与者之所以选择数字装置艺术而不选择其他传统艺术形式，不选择单纯的游戏，是因为他们期待观众视野之中不仅有游戏的快乐，而且包含着享受审美的视觉愉悦。这种审美的视觉愉悦越是好看、奇险，越是惊心动魄，越能满足其在现实生活中得不到实现的所有欲望，越能实现人们的游戏愉悦。[①]艺术和生活在工业或媒体社会中是不可分割的。数字装置艺术必须占领相应的场域和行动形式，它所寻求的不是将艺术从生活中孤立出来，而是使之影响生活的生产

① 权英卓，王迟．互动艺术新视听［M］．北京：中国轻工业出版社，2007：72.

过程。[①]

（三）艺术的数字化传承

很多传统文化、民俗文化由于时代的进步和发展逐渐被人们遗忘和丢弃，如果不进行拯救便会消失灭亡，但是由于它们不符合现代社会的特性，又不能轻易被人们所接受。艺术家通过开发、整合这些文化资源，运用数字技术将它们呈现到我们面前，全新的交互模式让人们不由自主地被吸引，情不自禁地融入作品中，体验到这些即将消失的文化的魅力。交互设计使得这些文化资源逃离了被社会淘汰的命运，让它们在这个信息时代仍然可以大放异彩。

中国台北"故宫博物院"中有一个数字装置艺术作品《夏荷》。该装置是根据宋朝画家冯大有的《太液荷风》所构建出的体感式交互空间，分为上下两个部分，在观众脚下的区域能够跟着观众的脚步触发鱼儿游动、水面波动。装置上半部分在观众的前方，呈现出夏日河畔的日夜变化、风姿万千之景象。该装置还设有风动装置，可以通过微风使观众身临其境感受荷塘韵味。用户以这种互动的形式，感受到冯大有画作的魅力，体验之后印象更加深刻，这有利于弘扬传统文化。《春生》透过影像的声音感应装置，使观众对着屏风中的鸟儿说话或唱歌，及时控制并唤醒画中的鸟语花开的动画盛况，达到声控互动和动画结合

---

① 弗里林，丹尼尔斯．媒体艺术网络［M］．潘自意，陈韵，译．上海：上海人民出版社，2014：74.

的效果。此交互装置作品选自清代郎世宁的《仙萼长春图册》中的4幅作品,以互动的形成呈现在观众面前,不仅带给观众很好的体验,还能传播传统文化。

将传统艺术作品数字化是让文物活起来的重要方式。数字艺术装置《秋色》是中国台北"故宫博物院"出品的一个体感式交互装置,本作品以颜色和时序诠释秋的信息,借由互动体感装置的方式,观众举手朝着画作挥舞,随着手势移动,画作开始放大,呈现鹊华秋色原画细致之美,犹如画家提笔挥毫,传达着文人之间相知相惜之情谊。而借助日常生活中的工具和人类的习惯也可以促使观众在交互过程中不断反思、感受、体验。

数字装置艺术突破传统艺术表达方式,媒介手段是影响创作方式的最根本因素。数字装置艺术虽然被称为艺术,蕴含着一定的审美元素,却丝毫不能脱离技术的手段,其中的各种新媒体技术(计算机图形、计算机动画、影像、交互、虚拟现实等)为异想天开的各种新艺术形态提供了有力的技术支持。

第九章

声、光、舞在数字媒体中的融合

人类接收各种信息，最直接的获取方式是通过“看”和“听”。我们对世界大部分信息最初的感性认识，是通过眼睛和耳朵获取的，通过感性的认识和理性的思考，最后再逐步探寻到事物本身。“看”与“听”在数字媒体艺术作品中具有同等重要的意义。随着电子技术和数码技术的普及，越来越多的艺术实践将不同层次的表达组合在一起，并利用视觉、听觉、触觉、空间以及其他数据进行相互转化。

在当下的数字媒体作品中，声、光、舞三种形式是数字媒体艺术中视觉与听觉表现最广泛的应用形式。在传统的艺术作品中，灯光、声音、舞蹈通常都是各自为营的展现（舞蹈与音乐有着密切的联系，因此除外），如在绘画艺术中对光影的呈现均是为了通过光影传达视觉信息，音乐作品也只是体现音乐本身所固有的特质。然而在数字媒体这一新兴媒介中，三者的关系不再是完全割裂的。声、光、舞三者的相互关联，使得数字媒体作品能够通过不同的体验方式（视听结合）来传达相同的情感内容。同时，多感官的交互也使得人与三者的关系变得更为密切。

一 “声之形”——声音的可视化

声音艺术通常被当作一种媒介来运用。随着社会的发展和时代的变迁，艺术家们逐渐开始寻求视觉以外的表达方式。虽然与声音有关的作品还不多见，但是声音已经在不知不觉中融入了我们生活中的各个方面，例如语音软件的使用、音乐或歌曲检索系统以及声音合成系统等。在数字媒体艺术作品中，以声音为主要内容的数字媒体艺术作品还远未被广大受众所熟悉。这一类作品有着独特的艺术魅力。创作者经过巧妙的艺术构思，强调声音的作用，用声音来吸引受众，用声音构成主体。受众通过声音与作品进行交互。以声音作为主要内容，体现了创作者的创作意图和作品主旨。在视觉表达上，作品不拘泥于计算机屏幕，利用更广泛的视觉艺术形象，使作品更加生动。在以声音为主要内容的数字艺术作品中，根据互动元素的不同，大致可以分为两种类型：一种是用视觉形象或其他元素来引发声音，完成作品与参与者的互动；另一种是用声音来引发视觉形象或其他元素的变化，完成作品与参与者的互动。[①]

（一）基于声音的视觉呈现

声音引发的互动，与引发声音的互动相对应。前者是以声音的响度、音色和音调为变量，引发交互的过程。在这一形式的互动中，人向交互装置发出的信息较为单一，即发出声音。在互

① 李砚祖.艺术与科学（卷六）[M].北京：清华大学出版社，2007：71.

动的过程中，声音不再是交互过程中的结果，而是交互的一种手段。也正是在这种使用与被使用的关系中，人与声音之间的关系变得更为丰富与密切。日本艺术家纪藤幡正树先生（Masaki Fujihata）创作的作品《活力之声》（*Voices of Aliveness*，2012）是一个不受交互地点限制的声音交互作品，参与者只需骑着装有GPS记录器和摄像机的自行车并大声呐喊。手机装置跟踪参与者的骑行路线，声音则被收集在一个发射装置中，然后将其复制到一个环状的网络空间中。当参与者在骑车过程中发出声音时，网络空间中与之对应的视频窗口则会随之移动。在这一作品中，声音成为网格中图像与视频元素交互的动因，人们通过发出声音，使得网格中代表着不同参与者的视频图像在环状网格中移动，不同地方的参与者通过发出声音，在环状网格中产生互动并建立了联系。

声音的频率是生成视觉信号的重要元素，频率可以转化为动态的曲线并被观众所接受。2008年，在中国美术馆举办的“合成时代”国际新媒体艺术展上，巴西艺术家丹尼尔·古·汉斯（Daniela K. Hanns）的《沉浸式音乐盒》（图9-1）互动装置作品通过数百条小提琴弦和麦克风与观众互动。由装置记录的声音通过内置的软件，分析琴弦的振动频率转换成相应的视觉输出信号。当参与者拨动琴弦时，其动作不仅拨动选定的那根弦，也拨动了周围环境的氛围，使观众得到了丰富的沉浸体验。

人们通过声音交互的形式很多，声音呈现出来的视觉效果也多种多样。在观众与声音的互动过程中，音乐成为交互信息输入的一个亮点。作品《SjQ++》（2012）是一个可以同时让多

图9-1　丹尼尔·古·汉斯《沉浸式音乐盒》(2008)[①]

个用户参与的作品。该作品由日本艺术团队SjQ创作而成,并在奥地利电子艺术节上展出(图9-2)。参与者可以通过自身的行为,创建声音可视化的数据。观众所亲历的表演,可以与声音和视觉元素紧密交织,成为可视化内容的重要组成部分。声音和影像并不是单独运作的,而是相互影响着的,并修饰着其他的元素。该项目通过表演者之间的声音与视频互动的行为,创造实时互动场景。2013年,该作品荣获奥地利“声音艺术优秀奖”。

法国学者博克霍夫(Bockhoff)和乔森汉(Josenhans)在《可视化的音景》(*Soundscapes in Paintings*, 2015)中将声音与绘画联系了起来。在他们的作品中,艺术家们讨论了如何在具

① 图片来源：http: //www.visionunion.com/admin/data/file/img/20080527/20080527004201.jpg.

图 9-2　SjQ《SjQ++》(2012)[①]

象绘画中产生基于内心听觉的可视化的音景。他们针对声音的来源提出具体的分类方案，然后讨论了几种机制，基于内心听觉条件的情绪归纳出部分类型的绘画。这款基于声音的装置艺术作品可以根据观众听觉的情绪生成可视化的音景。绘画是视觉的艺术，音乐是声音的艺术，《可视化的音景》是两种艺术互相影响下产生的艺术形式，呈现给观众一种基于声音的交互体验。

基于声音的视觉呈现还可以用来模拟现实世界的景观。奥尔坎·泰尔汉的作品《互动水族馆》(*The Interactive Aquarium*, 2009)(图 9-3)基于计算机视觉对用户作出反馈，形成海景运动。在这件作品中，海藻会摇摆，鱼会四处游动。用户可以拨打任何移动设备，用自己的声音创造一条鱼。手机实时记录人们的声音，对声音做出分析后创建一条动态的鱼。然后，用户可以

① 图片来源：http: //sjq.jp/contents/wp-content/uploads/2014/04/project_photo.png.

图 9-3 奥尔坎·泰尔汉《互动水族馆》(2009)[1]

将鱼放入鱼缸，这条鱼还可以吃用户用键盘输入的各种鱼类食物。该应用程序会记住用户创建的鱼的状态，当用户再次回来时，还可以进一步培育它。这件作品将声音与模拟世界的环境相联系，让交互过程更加生动、直观、有趣。它比声音与绘画的抽象结合来得更为直接，观众可以注视着通过自己声音生成的小鱼并与其交互，这带来了更丰富的交互形式。

当然，更为常见的是声音与画面各自独立，但又相互配合。2005年，在U2 乐队的"眩晕巡演"(Vertigo Tour)中，演出设计师威利·威廉姆斯(Willie Williams)运用了可编程的"LED幕布"。屏幕在乐队后面闪烁着，就像一个巨大无比的电子瀑

① 图片来源：https: //carnival-news.com/wp-content/uploads/2009/03/silobaltimore_12.jpg.

布。这个由比利时巴可公司（Barco）特制的显示屏被称为“Mi球”，它由很多小的球状LED组成（每64个挂成一串，共有189串）。在演唱会上，这些“LED串”可以在不同的点，根据不同需要随时抬高、放低。由朱利安·奥佩（Julian Opie）和凯瑟琳·欧文斯（Catherine Owens）制作的图像会在这块幕布上随着音乐播放。另外，舞台的前后都有座位，Mi球一方面可以360° 呈现影像，另一方面也不会阻碍观众们观看台上U2乐队的表演，使音乐与视觉实现了同步结合。这种声音效果与视觉效果相互独立又同步结合的方式在诸多音乐作品中极为常见，如电影的同期声、音乐MTV、演唱会背后的投影等等。

澳大利亚艺术家奥利弗·鲍恩（Oliver Bown）的作品《扎米亚亭》（*Zamyatin*，2011）（图9-4）在音画配合的基础上更进一步，构建了一套由人类和计算机算法共同配合的音画效果。《扎米亚亭》是一个可以与人类音乐家即时共同演奏的系统。它应用了一类称为“实时算法”的创新研究，使之能够与表演者进行有意义的音乐互动。该算法涉及音乐表演的领域，具有特定的认知和感知功能。在《扎米亚亭》中，作者受到机器人行为学的启发，对该作品采用了一种双层编译方法。作者设计一个“行为自主性”的子系统，把作曲家将创作的决策信息写入系统，同时允许系统自身进行接下来的演奏配乐。基于这样的想法，自主的说法有点哲学，促进自主的方式既不是模仿学习，也不是根据作曲家设计的规则进行表达。将这种设计命名为“编写音乐规则”的说法略显陈旧，更恰当的说法是迭代开发系统行为以及系统操作音乐参数的创造性设计，使该作品成为能够

图 9-4 奥利弗·鲍恩《扎米亚亭》(2011)[①]

进行有意义的音乐交互的系统。《扎米亚亭》存在两种主要特征:第一,它是一种连续的复发性神经网络;第二,它由作者定制并纳入内部的决策选择系统(网络)。在这两种情况下,通过"监听"系统实时提取固定的一组低级音频特征传递到该决策单元中。决策单元本身不是由程序员设计的,而是一种使用系统自行迭代来实现的行为。例如保持沉默,直到在输入处听到声音,该系统倾向产生重复模式,或者展示更长时间的行为变化。

从以上例子可以看出,数字媒体艺术作品将声音元素作为作品的主要表现内容,其表现形式非常灵活。其中,声音通过灯光等视觉信息,使得自身所传达的信息不再局限于声音本身。以声音为元素的每个设计都充满艺术的灵性和趣味性,创作者们利用数字技术实现一个个不可思议的音乐艺术作品。

---

① 图片来源: http: //www.olliebown.com/.

（二）视觉信息生成的声音

声音可以被人的行为引发，如人的吼叫、拍手和跺脚等行为，均可以引发声音，而在数字媒体中，引发声音的行为得到了扩展，任意一种行为均可以引发声音，使得听觉与视觉得到即时的交互与呈现。

来自加拿大的大卫·洛克比（David Rokeby）创作了交互装置《神经系统》（*Very Nervous System*，1982），是一个通过捕捉动作来引发声音的交互装置。该作品在互动艺术领域中，是一件具有开创性意义的作品。洛克比应用了摄像机、图片处理器、计算机、音响系统以及合成器等设备，把身体姿态转变成实时交互数据的输入，创造了一个独特的空间。在这个空间里面，人体的运动可以产生美妙的音效。

而在洛克比的另一件作品《姓名提供者》（*Giver of Names*，1998）中，声音则是通过不同物体产生语音信息。参观者可以选择一个或多个物体放到台座上，然后由摄像机进行检测，计算机通过摄像机所捕捉到的物体图像，对图像信息进行各个方面的加工处理（包括形态轮廓、质地结构、色泽、局部分解等方面），观众可以通过台座上方的小型投影见证整个过程。计算机试图通过联想来理解它所接收到的东西，从而得出更加抽象化的结论，并将结论用英文大声“朗读”出来。在这一交互过程中，交互媒体将看似没有任何联系的两个因素——“声音”和“物体”巧妙地结合了起来。

引发声音的要素在数字媒体这一媒介中，可以是多重的，体感的因素只是其中之一。在来自德国的团队envis precisely的作品《类星体的互动》(*Quasar Interactive*, 2010)中，我们可以看到通过动态感应来引发声音的过程。《类星体的互动》是一个让人探索运动、光以及声音之间关系的交互装置。该装置的核心部位有两个发光的、悬挂在天花板上的交互球体。每个球体在被触摸、移动或者摆动的时候，这些相互作用的动作就会变成视觉和听觉效果。在整个环境的后面有一个非晶体的灯投射在墙面上，还有一台立体扬声器提供声音。该装置的三个部分——光、声以及运动是相互直接联系在一起并相互影响的。

同样，来自荷兰的马密克斯·德·奈斯(Mamix de Nijs)和埃德温·范·德·海德(Edwin van der Heide)的互动作品《空间的声音》(*Spatial Sounds*, 2000)(图9-5)将声音、空间、速度、

图9-5　奈斯、海德《空间的声音》(2000)[①]

① 图片来源：http: //www.evdh.net/spatial_sounds/.

时间等概念巧妙地融合，似乎在提醒人们注意这其中的神秘联系。这件作品更像是一个小游戏，通过观众与作品的距离变化，让观众体会到声音的变化。作品由发动机、音箱、旋转摇臂等装置组成。机器扫描周围空间寻找观众，当观众靠近作品时，可以马上听到马达转动得越来越快的声响。当观众退到机器的扫描范围之外，马达转动的速度将会慢慢下降。

上述案例均通过体感来引发声音，同时也证明，体感作为人传递信息最直接的语言，被广泛运用到了交互艺术作品中。但体感也仅仅是人与声音之间众多交互形式的一种，随着数字技术的不断发展，人们可以借助更多形式与声音进行交互。

克里斯托弗·卡尔森（Christopher Carlson）设计的《边疆颗粒》（*Borderlands Granular*，2012）（图9-6）是基于移动端的

图 9-6　克里斯托弗·卡尔森《边疆颗粒》（2012）①

① 图片来源：http: //www.borderlands-granular.com/app/.

一款声音编辑软件，在某种意义上，也可以被称为“乐器”。这个“乐器”用不同的数字图像来表示声音的音色、节奏和音调等元素，通过人摆放数字图像的位置和参数设置，来生成不同的旋律。这是一个使用音乐元素的拆分与重组，并产生复杂的、动感的音色和音调结构的技术。该软件支持用户的即兴创作，参与者在没有任何音乐背景的前提下也可以直接运用音效素材展开创作，即借助iPad的触控屏幕来摆放数字图形元素的位置，从而创作出不同的声音与音乐，使人们可以随时随地进行音乐创作，拉近了人与声音之间的联系。

数字媒体中的声音在与人产生互动的同时，也对彼此产生着一定的影响。与《边疆颗粒》在移动端的交互不同，《钢琴楼梯》（*Piano Stairs*, 2006）是一款放置在公共区域的交互装置。《钢琴楼梯》由汉斯·拉伯（Hansi Raber）、费德里科·乌达内塔（Federico Urdaneta）、卡洛·佐拉提（Carlo Zorati）和安迪·卡梅伦（Andy Cameron）协作完成。简单来说，它是一个可以发出不同钢琴声音的“楼梯”，“楼梯”中不同的台阶对应钢琴中不同的琴键，当游客沿着通往展览的楼梯行走时，脚步激活装置发出音乐声。装置使游客的注意力转移到他们的脚步，让他们有机会为自己的时间、运动谱曲。与此类似，大众公司也推出了一款与上述作品类似的音乐楼梯作品。大众公司的这件音乐楼梯作品于2009年在瑞典斯德哥尔摩的地铁站中试运行。他们期望通过音乐楼梯这一装置，来吸引乘地铁上下班的人们主动爬楼梯而不是乘电梯，从而得到锻炼。音乐楼梯是一个能够提供音乐趣味的装置。人们在楼梯上行走时，便通过脚步声与装置产生互动，楼梯发出音乐的声音，其目的是要提醒路人，简单行为和体验也具有其重要性。

由此可见，在人与声音交互的过程中，声音或音乐的呈现会使人们改变原有的习惯，为了体验声音所带来的愉悦而主动与声音进行交互，使得人与声音之间的关系，由人为的主动引发，变为吸引人们来参与其中。在这一过程中，人的行为受到声音的影响，人与声音的主客关系在某种程度上得到了转换。

二　“光之灵”——灯光的动态化

视觉是人们对物体反射光的感知，灯光重塑了物体的形象和虚实变化，它打破了人们头脑中固有的物象和传统观念的视觉规律，运用灯光这一元素，营造空间的体块感。光可以形成空间、改变空间或者破坏空间，它直接影响人对物体的大小、形状、质地和色彩的感知。设计师们把光作为材料媒介，用光进行渲染，将空间排列出主次与相应的次序，使观者把注意力集中在作品主题上面。

灯光，通常被广泛运用在公共艺术设计中，是公共艺术中常见的互动艺术形式。殷双喜教授在《公共性与公共艺术》一文中强调：“公共艺术所追求的，主要不是艺术的效果，而是社会的效果；公共艺术要解决的主要不是美化环境，而是社会的问题；它所强调的不是个人的风格，而是最大限度地与社会公众的沟通交流；艺术家与观众之间，不是教育者与被教育者的关系，而是平等的、共享的关系。公共艺术不是一种艺术形式，也不是一种统一的流派、风格，它是使存在于公共空间的艺术能够在当代文化的意义上与社会公众发生联系的一种思想方式，是体现公共空间民主、开放、交流、共享的一种精神和态度”。[①]从这段叙述中，我们不难看出在灯光艺术中，光与公众的互动和交流具有重要的意义。新时代的灯光设计面临着挑战与复杂的选择，但无论如何变化，交互设计的最根本目的始终是以人的需求作为出发点，把人作为主体，来协调人与空间的关系。在以人为本的设计原则中，安全感、归属感、领域感及认同感等心理感知因素是不可忽略的，然而人的“参与感”也愈发受到重视。高质量的灯光交互在满足人们功能需求的同时，让许多事物更为细腻的一面也展现在人们的眼前，带来了更为丰富的审美体验，在光与人的互动过程中，使灯光得以注入人的“灵动”。

（一）“灵性”的互动

“灵性”一词，通常用来形容具有生命的动植物，并通过一些动态的行为体现。在数字媒体中的灯光，打破了以往灯光静态的传统表现形式，通过同台的变化给观众带来更深刻的体验。灯光与人体的互动所带来的不确定性丰富了交互艺术的表现形式，同时也使得数字媒体中的灯光在动态的呈现中，有了自己的“灵性”，使其具有了超越本身的含义。

观众在与光的互动过程中，感受到光的灵性，仿佛有了生命和自主的意识一般，这向数字装置艺术的创作与设计提出了

① 殷双喜．公共性与公共艺术［N/OL］．中国美术家网．（2009-8-15）．http: //comment.meishujia.cn/?act=app&appid=4097&mid=19430&p=view.

更高的要求。《欢聚》(*Congregation*, 2010—2014)就是如此一款灵活应用光的数字装置艺术作品。《欢聚》由英国两位媒体艺术家基特·蒙克曼(Kit Monkman)和汤姆·韦克斯勒(Tom Wexler)组成的KMA团队与波特兰声音艺术家彼得·布罗德里克(Peter Broderick)联合创作。该作品曾分别在匹茨堡市集广场以及上海外滩美术馆展出,主要侧重于利用投射光进行照明以及促进和加强公共场合下人与人之间的互动。KMA在创意城市照明史上独树一帜,与建筑照明相比,他们更关注的是人本身,是人与人之间的关系。KMA的作品创造出令人沉醉的大型"数字游乐场"。在网状系统的"游乐场"中,观众与表演者已经融为一体。这两位艺术家在各个地方利用让观众身临其境的灯光装置来促使公众参与进来,借此打破社会壁垒。这个装置的设计让行人可以根据灯光与音乐的提示进行互动,并由此自由地编排舞蹈。夜幕下,灯光与音乐打造出独特的梦幻世界。现场的观众就是表演者,对灯光与音效的编排作出反应,自由随意地展现和发挥。光在他们的作品中,不再是氛围的烘托者,而是活灵活现的参与者,让观众不仅驻足观看,还饶有趣味地与光进行互动。

光的运动模拟了生物的动作,让人联想起生命,另外一种光的应用通过内涵传达生命的意味。索尼大厦《水晶树》(*Crystal Aqua Trees*, 2012)就是这么一件对生命充满了关怀和尊重的艺术作品。该作品是一款公益性质的灯光交互装置。这个水晶音乐雕塑安装在日本东京银座索尼大厦的索尼广场上,索尼公司每年的慈善活动都会用到它。2012年,该音乐雕塑的设计团队推出了交互式体验的概念。整个音乐雕塑集合喷泉、水和圣诞树等概念，在优美的音乐伴奏下展示和谐美丽的灯光变化，与街道上的人们进行互动。摄像头与广场上6个捐款箱内的传感器相连，当有人朝里面丢硬币时，音乐雕塑将转化成为另外一种闪烁模式，对当前捐款作出反应。该作品成为银座街道上一道美丽的风景线。在这个作品中，人与灯光之间的互动不仅仅是在体感方面。艺术家将这个装置与公益相结合，在拉近了人与光之间关系的同时，使光与人之间的互动显得更有意义。在交互的过程中，人操纵着光的变化，而光的变化反过来也在影响着人的行为与心情。所以，在人与灯光的交互过程中，交互的进行可以说是双向的：一方面人给灯光一个指令使其依照人的行为进行变换；另一方面，灯光的变换也对人的内心产生一定的影响，使人能够沉浸在这一交互过程中。慈善的行为赋予了光以运动和闪烁的意涵，像是对慈善行为的感谢和致敬，是生命的另一种体现。

光的运动模拟了生命体，光的意涵体现了生命的价值，而光与故事和寓言的结合则赋予了光魔力，使其从非生命体变成了可以听懂人类指挥的魔法物件。在摩洛哥卡萨布兰卡的圣心大教堂，法国艺术家米格尔·切瓦利耶（Miguel Chevalier，2016）在教堂地面上制作了一条互动式的《魔法飞毯》（*Magic Carpets*）（图9-7）。马赛克和地毯的图案重现了传统，伴随着音乐的律动，色彩和图形也发生变化，图形的曲线也会随着观者的步伐发生变化。《魔法飞毯》中的魔法二字暗示着该作品如同被魔法和咒语赋予了生命一般，光与影组成的飞毯似乎具有了

图 9-7　米格尔·切瓦利耶《魔法飞毯》(2016) [①]

自主的意识,可以随时配合主人的指示漂浮起来。

设置在蒙特城堡(Castel del Monte)中的切瓦利耶的作品《魔法飞毯》是一个灯光装置。蒙特城堡是一座独一无二的"大厦",它缺乏当时军事古迹的特征,例如城墙、护城河和马厩。但是该城堡是一座充满了数学和天文学般严谨态度的建筑,采用了八边形的形状。八边形的八个角分别对应本身的八个八边形的塔。蒙特城堡的位置经过精心设计,以便在运行过程中持续创造出光的对称感。这种符号体系因其奇特和深奥而吸引了专家的注意,它被联合国教科文组织列为世界遗产。

① 图片来源:https: //static.designboom.com/wp-content/uploads/2014/10/miguel-chevalier-magic-carpets-interactive-virtual-reality-installation-castel-del-monte-italy-designboom-01.jpg.

当夜幕降临，在蒙特城堡的八角形内庭院的地板上就会呈现出光影的“魔法飞毯”。《魔法飞毯》通过数字艺术重现了马赛克的传统。由黑白色马赛克组成的画面连续地滑入，并在色彩饱和度很高的图形中旋转着，执行雅各布·巴博尼·施林吉（Jacopo Baboni Schilingi）的音乐设置和舞蹈动作。像素化的《魔法飞毯》从（正方形）地球过渡到（圆形）天空，呈现出一个八边形的有机世界。这个人工的宇宙似乎重新加入了生命，一切都融合在一起，然后分开，并以最快的速度改变形状。当观众围绕着这个“魔法空间”移动时，脚下会产生交错干扰的移动轨迹。五颜六色的曲线涟漪，重新建立起中世纪与挂毯的联系。这些阿拉伯式的花纹产生了全新的视觉体验，这些视觉体验不是对20世纪70年代人工天堂的迷幻宇宙的不懈追求，而是通过运动的颜色和形状将这个虚拟世界展现在我们面前，就像一个巨大的万花筒，让观众在想象和诗意的虚幻空间中航行。《魔法飞毯》的装置展示了这个建筑内部的结构，通过完美的形式感，将来自古代北欧的哥特式灵感与中东世界联系在一起，使我们沉浸在中世纪的神奇和神秘宇宙中，光在故事和寓言中呈现出被施与了魔法的生命效果，展现了对传统艺术和文化的传承。

灵性让光的运动有了生命的形态，灵性让光的意涵饱含了人类对生命的尊重，灵性让光传承了艺术与文化的历史，如同被施了魔法一样，有了新的生命。数字装置艺术作品广泛地应用了光的运动、意涵并且和文化相结合，使得观众与光具有灵性的交互无不体现出生命的韵味，让观众能够沉浸在光与影的互动之中。

（二）规律中的“韵律”

“韵律”通常是指人类自然语言的特征，是许多语言的共同特点，如音高下倾、重读、停顿等都普遍存在于不同的语言之中[①]。在交互装置对灯光的动态呈现中，也具备着和“韵律”相似的特点，即按照艺术家或信息编辑者的意图，在其设定的程序命令中，使灯光呈现按照预设的指令进行变化，包括灯光的节奏、强弱、颜色，以及组成的图案等。这一过程根据预设的程序进行循环往复的呈现，使得灯光的动态呈现也具有了自身的“韵律”。

光的运动既要遵循普遍的运动规律，也可以在规律之中，通过运动形成如音乐般的变化韵律。这种韵律使得光的运动不再只是单纯的摆动，而是成为“音节”的组合、演奏、旋律。许多城市都将灯光作为点缀城市夜生活的重要元素，在城市的夜空中演奏光的歌曲，塑造了各个城市不同的性格。例如，法国里昂市举办的灯光节就是这么一个光的夜间演奏会。里昂是法国第二大城市，有很多罗马式的建筑，一年一度的里昂灯光节始于1952年，它带着人们的感恩与祝福被传承下来，点燃着人们的激情与希望，至今已有约160年的历史，吸引着世界各地的艺术家和游客来到这里，是一个极具影响力的光影艺术盛宴。它在高大的建筑物上利用灯光技术投放动态影像，将城市建筑、广场

① 杨玉芳，黄贤军，高路.韵律特征研究［J］.心理科学进展，2006（4）：546−550.

雕塑、数字灯光、数字影像、烟花、表演和观众的互动有机地结合起来，为我们带来一场声势浩大的光影盛宴。它与公共景观雕塑和城市广场建筑有机地结合起来，那绚丽而富有节奏感的影像能在短时间内调动广场的气氛，使得城市的夜间景观呈现出奇幻的艺术效果，让广场上的公众快速而积极地参与进来，以达到快速传递信息，构建城市文化的作用。在这种时间与空间的交替中，数字影像被赋予了一种全新的意义。它的表现形式也随之发生变化，数字影像艺术的魅力得到了完美的展现。

韵律对于城市来说是一座城市的名片，对于艺术家来说则是个人艺术风格的最好诠释，对于运用灯光作为媒介的艺术创作者来说，灯光运动的韵律则是其作品形式与内容的结合。著名灯光艺术家鲁布斯·蒙罗（Bruce Munro）的作品《光之浴》（图9-8）由2 000个闪闪发光的光点，如泪珠状的扩散体组成，每一个光点都被安装在光纤镜片的末端，一起从总教堂的塔尖顶倾泻而下。雕塑整体体积为10米 ×10米 ×7米，它

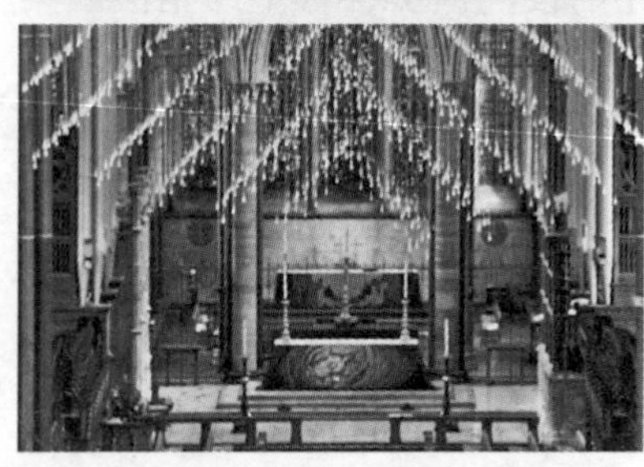

图9-8　鲁布斯·蒙罗《光之浴》①

① 图片来源：http: //www.brucemunro.co.uk/installations/light-shower/.

所覆盖的区域与一个普通住宅别墅的面积相近。索尔兹伯里大教堂的历史可追溯到1258年，塔尖最高点距地面123米，“光之浴”盘旋在教堂上空，犹如一团发光的云朵。蒙罗回忆道：“当我漫步在壮丽的教堂正厅之中，想要创作的形象在脑中渐渐明晰。我坚信，这座建筑已经给予了我们所有的创造线索，希望我的作品能抓住这里的精神本质并弥漫到整个空间之中。”

类似的案例还有在2010年上海世博会期间的灯光秀，上海世博轴（图9-9）以其独特的功能性与亮眼的灯光，给人们留下了深刻的印象。其变化多端的颜色与节奏给人以一种富有韵律的美感，配合周边灯光的呼应，使得世博轴的灯光效果更为优美且生动。

图9-9　上海世博轴[①]

① 图片来源：本书作者拍摄。

我们将灯光应用的视角从城市的大范围转移到室内的小空间，灯光的韵律带来了更为亲密的交互感知。艺术家利·萨克维茨（Leigh Sachwitz）创作的灯光装置作品《从里到外》（*Insideout*, 2015）（图9-10）利用点亮的LED灯泡，让观者体验恶劣天气下的屋顶变化。作品用灯效表现出暴风雨前后，房屋从宁静到猛烈摇晃的状态。在天气由恶劣到晴朗的变化中，此灯光装置加入音效，通过视觉和听觉的融合表现，让氛围更加逼真，观者逐渐感觉到解脱和宁静。它打破了雕塑作品形式的束缚，在视觉上达到虚幻的效果。光本身就是虚拟的物质，一闪而过的视觉感，却达到了空间的虚幻效果。灯光装置艺术利用韵律特定的空间和形体，把不同的色彩和运动变化转化为不同的

图9-10　利·萨克维茨《从里到外》（2015）[①]

① 图片来源：https: //thecoolhunter.net/insideout-by-leigh-sachwitz/.

心理感受。

光不只是单一的光柱、光点的组合、变换，它更是图像、影像的来源，以夜为幕，韵律呈现在图像和影像的变化之中。奥地利媒体艺术家克劳斯·奥伯迈尔（Klaus Obermaier）就是这样一位操纵光、影、图像的艺术家。他在巴特罗滕费尔德（Bad Rothenfelde）举行的“光的角度”（Licht Sicht）活动中，向大家展现了作品《跳舞的房子》（*Dancing House*，2014）（图9-11）。两名舞者出现在舞台上的聚光灯下，演奏出一系列静态人物和动画序列。同时，他们的身体被舞台上的相机录制，将该实时图像在电脑中调制，随后被投影到巨型屏幕上。这里的身体突变为非物质化的图形结构，或凝结成以红色和白色抽象移动的

图9-11　克劳斯·奥伯迈尔《跳舞的房子》（2014）[①]

① 图片来源：http://www.exile.at/dancing_house/photos.html.

垂直景观，并随着音乐发生变化。在何塞·M.桑切斯（José M. Sánchez-Verdú）的浮动声音之后，奥伯迈尔自己的原创作品中出现了奇怪的节奏。穿黑色和白色装束的舞者将画布变成平面与条纹纹理，生成了一个有形的、感性的、充满活力的实时艺术作品。观众的眼睛在舞台和屏幕之间切换，在现实与艺术之间转换。

还有如英国艺术创作团队“联合视觉艺术家”（United Visual Artists，UVA）的作品《动物大乐队》（*The Great Animal Orchestra*），其利用了 LED 与 3D相机结合的互动装置。该装置可以生成各种不同色彩并不断闪烁变幻，通过光的图像形式，相互组合、相互协调，在与观众的互动中呈现图像。这个装置旨在与参观者之间创造一个视觉对话的平台，观众通过手势和行动就可以控制作品，而作品“互动回应”，在视觉与音效上产生相应的变化。

这个装置通过将视觉感知和颠覆性思想并置，把想象与现实的元素相结合，把作品、公众、空间三者结合起来。这种参与互动是在作品完成后再接受公众的参与，而不是在作品创造过程中，通过观众的参与决定作品的主题和形式。因此，参与的公众可以与作品尽情互动，根据自己的想法控制作品，感受自己参与带来的惊喜。该团队的作品可以说是光之韵律的集大成者，是灯光艺术旋律的创作者、灯光琴弦的拨动者，带给观众以光之韵律的完美享受。

总的来讲，灯光装置艺术的韵律主要设置在城市的公共空间中或者是较为封闭的场馆中，它存在以下三种主要作用：第一，公共艺术中的灯光装置艺术主要是营造空间并让公众置身其中，结合其他元素，使公众从视觉、听觉、触觉，甚至是味觉全方位地感受作品的韵律；第二，人可以借助声音、体感与触摸等多种形式，在数字媒体中与光产生互动，使得互动的形式变得富有韵律之美；第三，灯光的不同光线、不同颜色会给人不同的视觉感受，冷光会让我们感到寒冷，暖光会让人温暖，绿色的光会让人想到草原，而蓝色的光会让人感受到海洋，亮光会让人感觉明快，而暗光会让人忧郁。当这些特点配合作品营造的空间，加上表现的画面、声音等元素时，它带给观众的视觉冲击力和精神感知力也充满了情感的韵律。对于城市和公共空间中的灯光韵律来说，它通过运动、变化、交互传达的韵律之美是人们感知城市性格、空间特性的重要渠道。

三　“舞之影”——舞蹈中的视觉增强

舞蹈是随着音乐应运而生的视觉语言表现形式，与音乐有着密切的联系。舞蹈的主题本身就是人，因此本节所探讨的是数字媒体中的新型舞蹈形式——新媒体舞蹈。新媒体舞蹈的诞生，从依托影视媒介的二维影像舞蹈（Video Dance）逐步发展形成一种新的舞蹈形式——融合光、电、声效多感官体验的互动舞蹈（Interactive Dance）[①]。活跃于舞台上的“互动舞蹈”，也称“交互舞蹈”，是当今“新媒体舞蹈”范畴内表演领域的前沿分支；通常是借助LED大屏、投影幕布等介质，运用特效制作、动作

---

① 张朝霞.新媒体舞蹈艺术源流与特质探析［J］.北京舞蹈学院学报，2009（4）：49-52.

捕捉、虚拟现实、传感装置、体感探测、3D映射等技术手段，在人机互动配合中生发出的新形态舞蹈品种。“互动舞蹈”在不断创新和完善中，寻找到艺术与技术的结合点，滋养出其独特的审美范式。同时，多元素的融入，使得舞蹈具有了更丰富的观赏性。

（一）传统舞蹈的新媒体编排

“新媒体互动舞蹈”通常具有虚拟化、交互性、多元化的特点。“虚拟化”是指有别于传统舞蹈，采用绘景、实景舞美道具来表现意境，烘托气氛。新媒体互动舞蹈采用虚拟的数字影像手段来表现，其优势在于方便快捷，能充分发挥影像在蒙太奇叙事上的优势；而劣势在于与传统立体的舞美道具相比显得平面，缺少空间层次感——近年来随着3D全息投影、立体投影的运用有所改观。

日本ENRA剧团编排的多媒体舞蹈《昴宿星团》（图9-12）把舞蹈与表演艺术、音乐、技术、光等更多媒介相结合，给人耳目一新的演绎。在其中，光与影扮演了很重要的角色，光随着舞者的动作，链接了动作与动作之间的运动过程。观众的注意力被吸引在舞蹈的运动和变化上，光犹如动作的标记，既是对舞蹈的诚实记录，又是舞蹈的光影烘托，是一种光影的美的享受。类似的案例还有如韦恩·麦格雷戈（Wayne McGregor）设计、编排的当代舞蹈《未来自我》（图9-13）。这个舞蹈可以被看作是研究人体运动的作品——关于身份可以透露什么，我们与我们自己的形象有什么样的关系。装置捕捉运动中产生的三维光，通过体验者的复合手势的进行，这些三维光像“活”的雕塑随着手

图 9-12　ENRA《昴宿星团》[①]

图 9-13　韦恩·麦格雷戈《未来自我》[②]

① 图片来源：http: //enra.jp/works.
② 图片来源：http: //random-international.com/future-self-2012/.

势的产生而产生。此时，观众与三维光绑定在一起，像是缥缈、光亮的精灵一样。光与影是舞蹈的一部分，是整个舞台的重要构成元素，是观众目光之所在，是整体情感调动、氛围烘托的重要途径之一。

在作品《昴宿星团》与《未来自我》中，舞蹈者均是在特定的内容下进行演绎的。因此交互作品均是按照其内容的风格进行编辑，交互的视觉效果与艺术内容对应，使得舞蹈本身的表现不仅仅是在表演者本身，更是强调了表演者与交互效果的关系因其内容而产生的密切联系。声、光、电、影的完美配合，让传统的舞蹈焕发了新的生机，让观众的注意力从舞蹈者转移到舞蹈上，从人转移到形式上，使得舞蹈艺术更为纯粹，对形式美的要求更高，这也是光与影在其中起到的重要作用。

（二）数字化控制的装置舞蹈

在数字装置艺术作品中，舞蹈不再是人类的专利，机器能跳舞，代码能跳舞，光与影也能跳舞，数字化控制的一切物体都可以随着艺术家的指挥翩翩起舞。数字装置艺术成为舞蹈家，数字装置艺术的创作者成为舞蹈的编排师，在他们的指挥下，一幕幕光影舞蹈在城市、商场、影院、剧院、广场、艺术馆、博物馆上演。

光也会跳舞，光的舞蹈也是富有美感和韵律的。梅莫·阿克腾（Memo Akten）的作品《简谐运动》（*Simple Harmonic Motion*，2015）（图9-14）是一款基于声音与灯光的交互装置，坐落于英国布莱尼姆宫（Blenheim Palace）。这是一个通过声音来控制灯光的装置，它通过简单的多层韵律的交互来形成复杂的灯

图 9-14　梅莫·阿克腾《简谐运动》(2015)[①]

光效果。该装置运用多平面光束的相互作用,创建复杂的光效和动效。最后,对着天空中的云投射出画面。阿克腾将这款光的运动称作“简谐”,意为简单又和谐,可以看作是对舞蹈动作的提炼和抽象。光无法像人体一样做出复杂、柔软且多变的动作,但是,光可以将舞蹈动作抽象化、简单化,最终形成和谐的舞蹈,这就是《简谐运动》的奥妙之所在。光的舞蹈是概括的、提炼的、抽象的、和谐的,是代码和机器的完美配合,是艺术家经过思考和创作的和谐舞曲,在城市夜幕中,上演了光与影的一曲舞蹈。

如果说《简谐运动》带给城市观众的是夜空中光之舞蹈的抽象之美,是芭蕾舞一般的阳春白雪,那巴黎著名女装品牌“白色夜晚”(Nuit Blanche)、法国三星以及英国美陈俱乐部

① 图片来源:http: //www.memo.tv/works/simple-harmonic-motion/.

(Umbrellium)一起创作的《巴黎迷你泡泡》(*Mini Burble Paris*, 2014)就是城市公共空间中的光之舞的互动，是一曲热情奔放的探戈之舞。《巴黎迷你泡泡》(图9-15)是一款远程控制的悬浮球形样灯交互装置。该装置在里昂灯光节上得以展出。《巴黎迷你泡泡》作为一款巨大的互动灯光装置，其创作过程有建筑师、设计师以及创意技术员的合作与参与。超过25万人次看到这个30米高，颜色灵活多变，具有交互性的，由300个气球组成的巨型彩色LED灯装置。该作品提供一个创新互动游乐区，观众可以使用三星Galaxy Tab S平板电脑作为彩色编辑器，通过手指进行编辑互动，为这个空中艺术品调整色彩搭配。《巴黎迷你泡泡》是一款结合了娱乐和创造力的典型案例，它多变的颜色，交互的形式，欢快的造型，让光的颜色和互动呈现出一曲

图9-15 《巴黎迷你泡泡》(2014)[①]

① 图片来源：http: //www.fubiz.net/wp-content/uploads/2014/10/miniburble-0.jpg.

热情的舞蹈，让观众也情不自禁地沉浸其中。

数字装置艺术的舞蹈带给观众的不再是机械的欣赏，而是强调交互，让观众也成为光影舞蹈的一部分，让观众也成为舞者，犹如电子舞曲一般洒脱。例如，意大利媒体艺术家桑妮亚·希拉利（Sonia Cillari）专注以身体媒介为界面的研究，她的作品《如果你靠近我一点》（*Se Mi Sei Vicino*）（图9-16）是一个探索"身体—环境"的互动作品，追求超越互动者表层肌肤的互动。作品的核心部件是一片感应地板，当有观众靠近或触碰站在感应板上的人时，肢体的动作就会造成电磁场的波动，并将电磁场波动的变化投影在周围的墙面上。此作品从表演艺术中表演者与观众间的关联，转化到两者的互动关系中，模糊了主动与被动的角色，让每个观众都成为潜在的表演者。还有澳大

图9-16　桑妮亚·希拉利《如果你靠近我一点》[①]

① 图片来源：http: //www.soniacillari.net/public/S-Cillari_Sonic-Acts10.pdf.

利亚艺术家吉迪恩·奥巴扎内克（Gideon Obarzanek）的作品《数字移动》（*Digital Moves*）。该作品则受到澳大利亚现代舞蹈公司的影响，使用场地特定的互动声光技术，达到使观众炫目的互动效果。奥巴扎内克的前卫表演探索了我们生活的理性世界和我们的想象力的丰富之间的紧密关系。观众与光影和舞蹈的交互成就了整体的炫目效果，是声、光、电、影、人共同配合下的一曲电子舞曲。

舞蹈不仅仅带给观众形式上的美，还蕴含着深刻的内涵和意义。光影的舞蹈如何传达内涵？这需要依靠艺术家们通过数字装置艺术的媒介来传达。例如挪威奥斯陆世界剧院（Verdensteatret）就是利用光影和数字装置艺术传达他们想法与观念的创作团体。该团体成立于1986年，他们吸引了来自不同艺术领域的艺术家合作设计现场艺术项目。世界剧院的创作游离于各种媒介和风格之间，他们拒绝人为的归类，他们自称不生产艺术，而是经由他们创造的机器在产生艺术。世界剧院从不呈现现成的意义，而是呈现意义产生的过程。通过设置大型的、令人遐想的、永不止息的表演，世界剧院为意义的扩展奠定了基础。

世界剧院的艺术家经常在旅途中收集原始材料，让外国景观和文化与观众相遇。例如，该团队在去敖德萨和伊斯坦布尔的旅游途中创作了《特斯阿拉》（*Tsalal*，2001—2002），并在2003年的格陵兰音乐会上，呈现了格陵兰岛和其他北大西洋岛屿恶劣环境与雄奇景色的景观设计。他们的另一款作品《泥泞的桥梁》（*The Bridge over Mud*）投射出一个幽灵般的影像，抽象的图像和神秘的声音在表演中融合（图9-17）。

图 9-17　世界剧院《泥泞的桥梁》①

该表演是音乐会的一部分。在这个难以形容的作品中，艺术家动用了195英尺（约59米）的高架火车轨道、11辆机动车辆、60个扬声器和30个微控制电机，让参与者在一个不断变化的外景和陌生的地方建立自己的交互连接。《泥泞的桥梁》通过运动和火车之间的联系，隐喻了戏剧的诞生与开始。这件作品犹如一场光与影的舞台剧，通过数字装置艺术这种媒介，将艺术创作想要表达的思想和意义传达给了台下的观众，通过光影舞蹈的形式，传达了舞台剧的内容。

传统舞蹈表演形式的传承和传播在如今文化多元化、技术高新化、审美大众化的社会推进中前行，新媒体技术与其珠联璧合便显得格外恰到好处、相得益彰。科学技术的汲取和依托成为高雅艺术通俗化的有效手段，然而它的孵化、创新、繁衍却不可能一蹴而就。②以光和影为主要媒介的数字化控制的装置舞

① 图片来自Vimeo网站视频截图：https: //vimeo.com/92784327.

② 张朝霞.新媒体舞蹈艺术源流与特质探析［J］.北京舞蹈学院学报，2009（4）：49-52.

蹈在丰富了舞蹈艺术本身的同时，也为数字媒体中不同元素的融合提供了平台与展现形式。

在数字媒体艺术中，观众参与、体验与设计之间的关系形成了一个重要和丰富的研究环境，其研究有益于互动数字艺术和人机互动的进一步发展。虽然数字媒体艺术作品所依赖的数字技术极大扩展了艺术创作思维，为数字媒体艺术在视听呈现上带来无限的创造空间。但是，数字媒体艺术的创造在形式上无法脱离传统艺术[①]。可以说，数字媒体艺术利用了传统艺术的视听传达方式，并对其进行了创新性的重新建构，在形式上实现了继承传统与大胆创新的完美统一。在这种统一中，传统艺术的视听传达方式融入了数字媒体艺术这种新的艺术生命之中，数字媒体艺术这种新的艺术生命则汲取了传统艺术的血脉滋养，呈现出迥然不同于传统艺术的生机勃勃的崭新面貌。因此，作为传统艺术的表达方式：灯光、声音、舞蹈，在数字媒体艺术创造中，具有重要的意义，三者在数字媒体艺术的表现形式中，既具有各自不同的特色，同时也可以相互融合，为数字媒体艺术的创作提供更加丰富的表现形式。

声、光、舞都是传统艺术的视听表达方式。这三部分在数字媒体艺术的语境下，各个部分的传达方式不再孤立，多感官信息的获取使人们在体验上得到了更大的满足，为视听传达的方式也提供了更多可能，声、光、舞与人之间的关系也将更为密切与丰富。

---

① 权英卓，王迟.互动艺术新视听［M］.北京：中国轻工业出版社，2007：15.